BIBLIOTHÈQUE DES PROFESSIONS
INDUSTRIELLES, COMMERCIALES, AGRICOLES ET LIBÉRALES

MATÉRIAUX ARTIFICIELS

GUIDE PRATIQUE DU CONSTRUCTEUR

✱ **Maçonnerie**, par A. DEMANET, membre de l'Académie royale de Belgique, nouvelle édition, un volume in-16 avec 20 planches (137 figures).

✱✱ **Matériaux artificiels** pour la construction moderne, par H. DE GRAFFIGNY, ingénieur civil, un volume in-16, avec 124 figures dans le texte et hors texte.

✱✱✱ **Dictionnaire des termes techniques** employés dans la construction et des termes d'architecture civile par L. T. PERNOT. Nouvelle édition augmentée et entièrement refondue par CAMILLE TRONQUOY et CH. BAYE.

<table>
<tr><td>

Ponts et Chaussées.
Guide du Conducteur.
1re partie : **Routes**. 1 vol. in-18, 12 planches, 99 figures.
2me partie : **Ponts**. 1 vol. in-18, 8 planches, 44 figures.

</td><td>

Comment on construit une maison,

par VIOLLET-LE-DUC.

1 volume in-18 avec 62 dessins par l'auteur.

</td></tr>
</table>

TYPOGRAPHIE FIRMIN-DIDOT ET Cie — MESNIL (EURE).

GUIDE PRATIQUE DU CONSTRUCTEUR

★ ★

Fabrication et emploi des nouveaux

Matériaux Artificiels

POUR LA

CONSTRUCTION MODERNE

Matières premières : argile, chaux, silice, sable, agglomérés, etc. Fabrication des briques d'argile et de sable, tuiles, poteries, carreaux. Pierres artificielles, ciment et béton. Verre armé. Pavages et linoléum.

PAR

H. de GRAFFIGNY

INGÉNIEUR CIVIL

OUVRAGE ORNÉ

DE 124 FIGURES DANS LE TEXTE

ET HORS TEXTE

BIBLIOTHÈQUE DES PROFESSIONS

INDUSTRIELLES, COMMERCIALES, AGRICOLES ET LIBÉRALES

J. HETZEL, ÉDITEUR

PARIS (VIᵉ). — 18, RUE JACOB, 18

LES

MATÉRIAUX ARTIFICIELS

CHAPITRE PREMIER

HISTORIQUE DE LA CONSTRUCTION. CLASSIFICATION DES MATÉRIAUX

Parmi tous les arts, il en est un dont les évolutions sont relativement lentes, et qui semble se prêter difficilement aux transformations continuelles amenées par les découvertes scientifiques et industrielles. Cet art, c'est l'architecture, qui vit surtout de traditions et ne s'adapte que lentement et petit à petit aux nouvelles conditions de la vie sociale.

On peut expliquer jusqu'à un certain point cette méfiance des architectes à l'égard des ressources nouvelles créées par la science. Elle réside dans la difficulté où l'on se trouve, en matière de construction, de choisir à coup sûr, sans tâtonnements et sans risque de graves mécomptes ultérieurs, les meilleures conditions d'emploi des nouveaux matériaux proposés, la réelle valeur de ceux-ci ne pouvant être mise nettement en lumière qu'après de longues années d'usage, le temps fournissant le meilleur contrôle.

Cependant, à l'époque actuelle, deux causes contribuent à favoriser une prompte évolution dans cet ordre d'idées : d'abord le morcellement des fortunes, qui permet à un plus grand nombre de personnes de faire construire des habitations particulières, des villas ou de petits hôtels aménagés pour une même famille ; ensuite l'agglomération dans les villes d'une population plus dense, qu'il faut loger avec un souci de plus en plus vif de salubrité, voire d'élégance, et à laquelle sont nécessaires quantités d'édifices correspondant aux formes infinies de l'activité de la vie sociale dans nos colossales cités : églises, théâtres, salles de conférences, de concerts, d'expositions, de ventes, cercles, immenses magasins, maisons de banque, hôtels, etc. Comme le prix des terrains va toujours croissant, on doit savoir tirer parti des plus petits espaces. En outre, les exigences des locataires, qui s'habituent vite aux douceurs du confortable, devenant chaque jour plus impérieuses, il faut pourvoir les maisons de rapport d'une multiplicité d'appareils encore insoupçonnés il n'y a pas bien longtemps, même dans les plus opulentes demeures.

On ne saurait nier les progrès accomplis par les architectes en ces dernières années pour établir cette circulation d'eau chaude et froide, de vapeur, de gaz, d'air, d'électricité, qui serpente maintenant du haut en bas des parois de nos maisons, comme les artères sillonnent le corps humain, animant nos demeures d'une sorte de vie mystérieuse, les enveloppant d'un réseau de forces actives qui distribuent à volonté la chaleur, la lumière, le mouvement, suivant qu'on tourne un robinet ou qu'on presse un bouton moins gros qu'une noisette. Ces progrès ont été rendus possibles grâce à la structure en fer qui a permis de faire passer dans les vides du métal, sans nuire à la solidité du bâtiment, la trame des canalisations par lesquelles se répand et se communique cette activité magique. On en verra sans doute prochainement bien d'autres ! De nouvelles substances sont venues, en effet, s'ajouter au fer pour prêter aux architectes le secours dont ils ont besoin, dans l'obligation où ils se trouvent de satisfaire aux mœurs contemporaines et aux besoins modernes. N'a-t-on pas les ciments et les chaux qui fournissent de véritables pierres de taille artificielles et qui peuvent se mouler ? N'a-t-on pas la méthode du ciment armé, si fort en vogue en ce moment, qui consiste en un lit de béton coulé sur un bâti de bois reproduisant la forme de la partie à construire, et dans lequel on encastre une ossature de fer qui règle et consolide le tout ; elle contient en germe, à elle seule, toute une révolution dans l'art de construire ! N'a-t-on pas, enfin, la céramique et surtout la verrerie, dont les progrès inouïs dans ces derniers temps permettent d'entrevoir à bref délai des transformations profondes, radicales même, dans l'outillage et les procédés de l'architecture.

Les matériaux de construction, comme toute chose humaine d'ailleurs, se modifient, se transforment et s'améliorent avec le temps. Les découvertes scientifiques, les inventions mécaniques s'ajoutent les unes aux autres et se complètent. Il est donc intéressant de suivre les progrès successivement réalisés dans cet ordre particulier de recherches et de constater à quelle période de son évolution est arrivée actuellement cette branche essentielle, primordiale, de la construction.

Dans le courant de ces dernières années, l'art de l'entrepreneur et de l'architecte s'est enrichi d'une quantité de matériaux jusqu'ici inconnus, et qui ont permis d'améliorer et de modifier avec avantage les habitations nouvelles. Si l'Exposition universelle de 1889 a été le triomphe du fer dans la construction, on a pu se convaincre en 1900 que la palme revenait sans conteste aux matériaux artificiels de toute espèce : béton, ciment armé, staff, carreaux de plâtre et autres agglomérés.

De cette recherche constante du mieux, du plus économique surtout, sont sorties des industries nouvelles, qui prennent de jour en jour une extension plus considérable, ce qui oblige à accorder à ces produits une sérieuse attention. Les emplois des matériaux artificiels et des céramiques de bâtiment sont multiples, en raison même des qualités particulières aux substances les constituant, substances qui peuvent être comprimées, moulées, durcies et décorées, de façon à atteindre la densité, la forme, la solidité et les colorations nécessitées par l'application à réaliser. Ainsi, on peut faire des blocs énormes pour les fondations d'ouvrages de toute espèce; digues, jetées, ponts, etc., comme des pavages, des carrelages et des statues. La pierre artificielle se prête incomparablement plus facilement que la pierre naturelle aux besoins si divers de l'industrie artistique.

Suivant une expression dont on a un peu abusé, nous pouvons dire que les matériaux artificiels sont parvenus actuellement à un tournant de leur histoire, car les méthodes de préparation se sont considérablement modifiées, transformées, par l'influence des découvertes successives et des progrès constants des sciences. A la brique d'argile succède la brique de grès, seule possible dans certains cas ; aux murailles de gravats, de cailloux ou de boue, barbouillées de vagues enduits, on substitue les agglomérés et le ciment armé ; l'asphalte et le kéramit constituent le sol des chaussées ; la pierre de verre revêt les murs des salles d'hôpital, et les planchers sont rendus insonores grâce aux hourdis et garnitures de liège. On sent un grand effort vers le mieux, vers l'économie et vers le beau.

Le moment nous paraît donc venu de donner un tableau documenté et exact de l'état de la question, et de rassembler dans un ouvrage complet tout ce qui a trait aux matériaux artificiels employés pour le gros œuvre de maçonnerie, les planchers et les murs, ainsi que dans les pavages, les toitures, les ornementations intérieures et extérieures et la décoration des bâtiments. Cette réunion de documents méthodiquement classés montrera clairement, espérons-nous, le cas qu'il faut faire et l'attention qu'il est bon d'apporter désormais à ces produits industriels, dont la diffusion est aussi certaine que la vulgarisation en a été rapide.

La préparation et la mise en œuvre de ces divers matériaux nécessitent tout un outillage particulier, auquel nous consacrerons un chapitre, et qui comportent les broyeurs de toute espèce, les pulvérisateurs, les tubes finisseurs, les fours-séchoirs, les malaxeurs, les machines à mouler, les presses. Des mécaniciens se sont même créé une spécialité de l'étude et de la construction de ces appareils et ont combiné de nombreux modèles à grand rendement, actionnés par moteurs, et permettant de mettre en œuvre rapidement et économiquement les matières premières.

Nous avons donc adopté l'ordre suivant pour l'étude de ces divers matériaux :

En premier lieu, l'étude des matières premières, puis l'outillage pour la préparation des produits. Ensuite la description des diverses méthodes de fabrication des briques, des ciments et des bétons entrant dans la composition des constructions modernes. Enfin les applications aux pavages, aux toitures, et à l'ornementation des édifices.

En suivant ce classement, nous passerons en revue tous les matériaux récemment imaginés et qui tendent à pénétrer de plus en plus dans la pratique courante, en remplacement des produits connus depuis de longs siècles, mais forcément moins parfaits à quelque égard. Citons par exemple :

Parmi les matières premières entrant dans la composition des pierres artificielles, la chaux, la silice et ses dérivés : kieselguhr, etc. l'argile, le plâtre, le laitier, le mâchefer, le liège, etc.

Parmi les agglomérés obtenus par le moulage de ces matières, les briques d'argile cuites au four ou séchées à l'air, les briques silico ou argilo-calcaires (briques de grès) durcies à la vapeur, les mortiers divers aériens ou hydrauliques, les ciments, les bétons et les pierres artificielles de toute espèce.

Enfin, parmi les matériaux de pavage, de couverture et d'ornementation, le kéramit, la pierre de verre Garchey, l'acier de calcium Bonnot, le verre armé de Bohême, les céramiques de bâtiment, carreaux et mosaïques, etc.

Il n'existe pas actuellement, que nous sachions, d'ouvrage où l'on puisse trouver rassemblé et méthodiquement coordonné tout ce qui se rapporte à ces choses encore nouvelles mais dont l'avenir est certain et évident. Nous avons donc pris l'initiative de réunir, dans ce volume, l'étude complète des matériaux artificiels, de leurs avantages, et leurs qualités, espérant que ce travail pourra être de quelque utilité aux personnes — et elles sont nombreuses rien qu'en France, — qui s'occupent de construction de bâtiments et emploient ou doivent faire un choix entre tous ces produits que leur offre l'industrie.

Il est indispensable, obligatoire même aujourd'hui d'être plus que jamais et constamment, au courant, dans chaque profession, des découvertes ou des perfectionnements qui surgissent tous les jours dans toutes les branches du travail en modifiant constamment ses conditions. Il faut, pour lutter efficacement contre la concurrence progressivement plus âpre, être surtout bien outillé. Or, le livre est un outil, et non le moins utile, car il permet à chacun d'être renseigné sur les moindres secrets de sa profession, ainsi que sur les plus récentes améliorations réalisées dans tous les pays, pour une fabrication déterminée.

C'est particulièrement le cas pour l'entreprise, qu'il s'agisse de bâtiments d'habitation, de maisons de commerce ou d'ateliers, de pavages, de plafonnages, de couvertures, de décorations extérieures ou intérieures, et nous espérons que le présent ouvrage pourra fournir d'utiles indications dans bien des circonstances.

Ce préambule, qui nous a paru nécessaire pour retracer

l'historique des matériaux artificiels de construction, et la situation des industries utilisant ces matériaux, une fois terminé, l'avenir de ces produits ayant été envisagé et leur classification établie, nous entrerons de plain pied dans notre sujet, en commençant, comme il a été dit, par l'examen des matières premières naturelles.

CHAPITRE II

MATIÈRES PREMIÈRES NATURELLES

Au premier rang des matières naturelles employées dans la construction, il faut placer les pierres, l'argile et la chaux. Nous ne nous occuperons pas ici des pierres et roches naturelles qui ne subissent aucune transformation avant leur emploi, pour porter notre attention sur les chaux, sables et argiles qui constituent la base des mortiers, ciments, bétons, briques et agglomérés de toute nature.

Argile.

L'argile ou terre glaise est un des corps les plus répandus dans la nature, et ses applications sont innombrables dans l'industrie. La propriété que possède cette substance de former avec l'eau une pâte qui durcit à la chaleur, de conserver la forme qu'on lui a donnée et de présenter après la cuisson une très grande résistance, l'a fait choisir comme matière primordiale de toutes les céramiques de bâtiment.

L'argile ou *silicate d'alumine* la plus convenable à la fabrication des briques, se compose de 45 à 80 parties de silice, 15 à 40 d'alumine, et d'une quantité d'eau rarement supérieure à 18 %. Aucune combinaison de ces corps deux à deux n'est plastique, et les argiles qui contiennent le plus d'alumine sont celles qui possèdent cette qualité au plus haut degré et renferment la plus grande proportion d'eau.

Chauffées à 100 degrés, les argiles ne perdent pas toute leur eau ; à 200 ou 300°, elles la perdent et ne reprennent plus aucune plasticité quand on les humecte à nouveau. A une température convenable, elles prennent une grande dureté et une cohésion élevée, mais elles subissent un retrait qui fait diminuer les dimensions linéaires d'un cinquième. L'argile de Provins pour briques réfractaires se compose de 57 parties de silice, 37 d'alumine, 4 d'oxyde de fer et 1,70 de chaux ; elle est blanchâtre et plastique.

On désigne sous le nom de *marnes,* des mélanges d'argile et de calcaire en proportions variables ; elles sont beaucoup plus fusibles que les argiles communes.

Argile artificielle.

L'attention est, en ce moment, particulièrement attirée en Allemagne, dans le monde de la céramique, par la nouvelle invention de M. Hecht de Huben, qui consiste en une composition connue sous le nom de « Deutsche Kunstthon » (argile artificielle allemande), qui trouve son utilisation dans la fabrication de pierres artificielles, briques, tuiles, etc. Cette nouvelle composition est composée de sable, de blanc de Meudon, de ciment, de colle liquide et de pétrole ; ces substances sont mélangées ensemble d'une certaine manière, et il en résulte une matière semblable à l'argile, qui peut être modelée et durcit d'une façon extraordinaire sous l'action de la chaleur.

Cette argile artificielle est susceptible de recevoir un certain nombre d'applications dans différents genres de construction. Par exemple, on peut en faire des tuiles de formes et dimensions diverses, sans aucune fissure, qui se recommandent par la netteté des bords et des angles, par leur résistance aux influences atmosphériques et leur incombustibilité; de plus, elle n'absorbe pas l'humidité.

Elle peut en outre servir à la fabrication de pierres artificielles pour la construction, dans tous les tons, portant des ornements et pouvant être moulées selon les besoins et les plans de l'architecte. On peut en faire également des carreaux pour dallage, décoration des murs, etc. Cette argile artificielle a été essayée au laboratoire de Charlottenbourg et les résultats des essais ont été des plus favorables. Comme cette matière peut être fabriquée facilement sans grand matériel, on insiste sur ce fait que les entrepreneurs les plus modestes seront à même de préparer à un prix assez modique les matériaux décoratifs pour leurs constructions. Mais on peut alors se demander s'il y a un brevet de pris et quelques secrets de fabrication, malgré les détails donnés plus haut sur les proportions des parties entrant dans cette composition.

Chaux naturelle.

La chaux est du protoxyde de calcium; c'est un des corps les plus répandus dans la nature; elle est blanche, inodore, de saveur caustique. Sa densité est 1,3.

La chaux fond à la flamme du chalumeau oxhydrique.

Sa solubilité dans l'eau est très faible ; en effet une partie de chaux a besoin de 778 parties d'eau pour se dissoudre à 15° ; la chaleur, loin d'activer cette dissolution, l'empêche ; à 100°, une partie de chaux est dissoute dans 1.270 parties d'eau.

La chaux possède la propriété de former, avec une partie d'eau, un composé solide qui est la chaux hydratée ou mieux l'hydrate de calcium ; la chaleur dégagée par cette combinaison est fort élevée, la température peut atteindre 300° ; la chaux en même temps se désagrège et tombe en poussière, on dit qu'elle se *délite ;* c'est alors de la *chaux éteinte*, par opposition à la chaux anhydre désignée sous le nom de *chaux vive*.

La chaux éteinte, délayée avec l'eau, forme un *lait de chaux*. La chaux, laissée au contact de l'air, en absorbe l'acide carbonique et forme un carbonate de chaux, très dur et presque insoluble.

Industriellement, c'est le carbonate que l'on emploie toujours, car c'est lui que l'on rencontre dans la nature en extrême abondance. Il entre dans la composition des os des animaux vertébrés et il forme la plus grande partie des carapaces des mollusques et autres animaux analogues, ainsi que de la matière première des bancs de coraux. Enfin, dans le monde minéral, c'est lui qui, à l'état cristallisé, forme l'aragonite et le spath d'Islande ou, à l'état amorphe, les bancs de craie, de pierre à bâtir, de calcaire grossier, de calcaire coquillier, de pierre lithographique, de marbre, etc.

Le calcaire grossier qui sert à la préparation de la chaux porte le nom vulgaire de pierre à chaux.

Le carbonate de chaux pur a pour composition :

CO^2 44
$Ca\ O$ 56
                                          ———
                                          100

Il se trouve mélangé dans les différents carbonates naturels à un certain nombre d'impuretés. Le plus pur est le marbre dont la composition est, d'après les analyses de Léger :

Carbonate de chaux 98,49
    —   de magnésie............... 0,41
Alumine et oxyde de fer............. 0,12
                                      ———
                                      99,02

Le marbre de Carrare serait même formé de carbonate de chaux pur.

La pierre à chaux de Vaugirard répondrait à

Carbonate de chaux.................... 98,5
Argile................................ 1,5
                                      ———
                                      100,0

Le calcaire de Lagneux, dans l'Ain, donne à l'analyse

Carbonate de chaux.................... 94,00
    —   de magnésie.............. 1,60
Oxyde de fer.......................... 3,90
Argile................................ 0,50
                                      ———
                                      100,00

Un calcaire de Calviac, dans la Dordogne, est encore moins riche en chaux

Carbonate de chaux.................... 77,80
Argile................................ 2,60
Sable 19,64
                                      ———
                                      100,04

Le carbonate de chaux étant facilement dissociable par la chaleur, il suffit de calciner le carbonate de chaux naturel. Cette calcination doit être faite, si possible, en présence de vapeur d'eau et dans un violent courant d'air, deux conditions qui facilitent la dissociation. On doit donc employer la pierre humide et, si elle ne l'est pas, la mouiller au préalable.

La chaux est dite *grasse*, quand elle provient de calcaires exempts d'argiles, tels que le marbre. Elle est très blanche, foisonne de deux ou trois fois son volume avec l'eau, s'échauffe beaucoup, et forme une pâte liante et grasse au toucher. Dans les mortiers, en séchant et en fixant graduellement l'acide carbonique de l'air, cette chaux durcit et fait corps avec les pierres qu'elle relie.

Le volume de la chaux grasse augmente à l'extinction d'au moins 1/4 de son volume primitif, souvent deux fois et demie, quelquefois trois à quatre fois. On l'emploie pour les maçonneries ordinaires, mais il faut s'en abstenir dans les travaux hydrauliques ou souterrains, attendu qu'elle ne durcit qu'imparfaitement.

La chaux grasse se combine rapidement avec un poids d'eau égal à 0,25 du sien ; retirée et exposée à l'air, elle fuse avec dégagement de chaleur, en se réduisant en poudre impalpable. L'*hydrate de chaux* obtenu peut encore absorber une grande quantité d'eau, mais sans qu'il y ait combinaison, ni dégagement de chaleur. Cet excès d'eau, qui donne naissance à une pâte, peut se dégager en assez grande quantité par le rebattage, pour qu'il soit inutile d'en ajouter de la nouvelle quand on fabrique le mortier. Plus la chaux est grasse, plus elle est caustique ; il ne faut pas la prendre avec les mains.

Quand le calcaire soumis à la cuisson renferme 10 à 20 °/₀ de matières étrangères (sable quartzeux, oxydes de·fer et de manganèse, carbonate magnésien), la chaux obtenue, dite *chaux maigre*, développe peu de chaleur quand on la met en contact avec l'eau, elle foisonne moins que la chaux grasse et ne forme pas une pâte liante. Elle durcit à l'air avec le temps et se désagrège dans l'eau. A défaut d'autre, on l'emploie aux mêmes usages que la chaux grasse. Elle est de teinte grise ou fauve.

Chaux hydraulique. — Si la matière étrangère que contient le calcaire est de l'argile, ou de la silice dans un état de division, et que sa proportion s'élève au moins à 10 ou 15 °/₀ du poids du calcaire, la chaux qui en résulte ne foisonne pas ou très peu, et ne développe pas de chaleur à l'extinction ; mais elle fait prise sous l'eau (tandis que les deux précédentes s'y dissolvent), du deuxième au quatrième jour d'immersion, pourvu qu'elle n'ait pas été trop calcinée. Elle ne prend à l'air qu'une médiocre consistance ; sous l'eau, au bout d'un mois, elle est dure, au bout de cinq mois elle est aussi dure que le calcaire et se brise sous le choc. L'hydraulicité de cette chaux est due à ce que, pendant la cuisson du calcaire, il s'établit une combinaison chimique entre la chaux et la silice divisée à laquelle elle est mélangée. Il faut pour cela que la silice soit en gelée ou réduite à un état de divisibilité extrême. Les chaux hydrauliques sont blanches, quelquefois verdâtres. Avec un mélange de quatre parties de craie et une d'argile on peut fabriquer des briques qui peuvent être ensuite cuites à la méthode ordinaire.

L'argile et la silice désagrégée ne sont pas les seules

matières qui communiquent à la chaux des propriétés hydrauliques. La magnésie produit à un moindre degré le même effet; le carbonate de chaux mélangé à la chaux lui fait acquérir de faibles qualités hydrauliques.

La chaux hydraulique éteinte retient, comme la chaux grasse, une certaine quantité d'humidité, et forme, en lui ajoutant de l'eau, une pâte ferme qui, exposée à l'air, se solidifie en absorbant moins d'acide carbonique que la chaux grasse, et en retenant également une certaine proportion d'eau.

La pierre calcaire, pour se transformer en chaux, doit être d'abord cuite dans des fours, dits *fours à chaux*. Nous ne nous occuperons pas ici de ces appareils, et nous renverrons le lecteur au chapitre suivant, où il trouvera les descriptions des principaux systèmes de fours, de séchoirs à argile et des diverses machines employées dans la préparation des matériaux artificiels.

Chaux limites. — Lorsque les calcaires contiennent une proportion d'argile de plus de 20 %, la cuisson ne les transforme généralement plus en chaux. Les produits obtenus sont de deux sortes : 1° Les uns, placés sous l'eau au sortir du four s'y maintiennent plusieurs jours sans s'éteindre, puis se délitent sans effervescence; pulvérisés au sortir du four et gâchés, ces produits font d'abord prise, puis se fendillent ou tombent en boue quand on les immerge. Vicat les a nommés *chaux-limites* ou *limite des chaux*, parce que la quantité d'argile qui les caractérise est la limite supérieure de celle qui constitue les chaux éminemment hydrauliques; c'est entre 20 et 23 d'argile % de calcaire marneux que se trouvent ces produits.

2º Les produits de seconde sorte, appelés *ciments* renferment les principes qui les rendent capables d'un durcissement rapide. Nous nous en occuperons plus loin, au chapitre des ciments.

Si, en traitant un calcaire par l'acide chlorhydrique toute la masse se dissout, ce calcaire ne pourra fournir qu'une chaux grasse ; s'il reste un produit soluble, on obtient une chaux maigre. Pour savoir si elle est hydraulique, on fait cuire un échantillon de cette pierre ; si le résidu est insoluble il y a chance de succès, mais si ce résidu insoluble est un sable grossier, la chaux n'a aucune valeur.

Chaux hydraulique artificielle.

Procédé par simple cuisson. — On mélange à du carbonate calcaire tendre (craie, tuf, marnes), réduit en poudre, puis en bouillie, de l'argile dans les proportions qui donnent à la chaux le degré d'hydraulicité exigé. Le mélange est réduit en pains et soumis à la cuisson.

Le *procédé par double cuisson* consiste à mélanger une proportion convenable d'argile à de la chaux grasse éteinte et amenée à l'état de pâte (provenant de calcaires difficiles à broyer et qu'on a cuits) et à soumettre ce mélange, réduit en pains, à une seconde calcination.

D'après Vicat, les chaux ordinaires très grasses peuvent comporter 20 d'argile pour 100 de chaux ; les moyennes en ont de 15 à 10, et 6 suffisent pour celles qui ont déjà quelques propriétés hydrauliques. Lorsqu'on force la dose d'argile anhydre jusqu'à 30 ou 44 % de chaux vive, le produit qu'on obtient ne fuse pas, mais il se pulvérise facilement et donne, lorsqu'on le détrempe, une pâte qui prend corps sous l'eau et présente toutes les propriétés d'une chaux éminemment hydraulique.

Les chaux hydrauliques artificielles ainsi obtenues sont homogènes et contiennent de la chaux caustique, un peu de carbonate de chaux, du silicate de chaux et des oxydes métalliques. On brûle 800 kilogrammes de bois pour produire 1 mètre cube de chaux.

Indices d'une bonne cuisson. — La chaux vive, pour être cuite au degré convenable, doit fuser promptement et complètement dans l'eau. Si elle est trop calcinée, elle reste quelquefois un jour ou deux dans l'eau sans avoir subi une extinction complète. Les bonnes chaux ne doivent contenir aucune matière étrangère, ni aucun biscuit ou durillon.

Les bonnes chaux hydrauliques se reconnaissent à leur légèreté, à leur consistance crayeuse et à l'effervescence qu'elles font avec l'eau lorsqu'elles n'ont pas encore été éventées. Quand elles sont lourdes, compactes, vitrifiées légèrement sur les arêtes des morceaux et longtemps inactives après l'immersion, c'est que le terme de la bonne cuisson a été dépassé. Si elles fusent superficiellement, en laissant un noyau, la cuisson est incomplète.

Les pierres à chaux perdent dans leur calcination 0,45 de leur poids, par l'évaporation de leur eau et de leur acide carbonique. La diminution est moindre en volume : on l'évalue à 0,1 ou à 0,2 du volume primitif.

Foisonnement. — 100 kilogrammes de chaux grasse pure et très vive donnent $0^{m3},240$ de pâte; mais quand la cuisson date de plusieurs jours et que la chaux n'est pas très pure, ce chiffre descend à $0^{m3},180$.

Les chaux communes très grasses, éteintes en bouillie épaisse par fusion, donnent en volume jusqu'à 2 et quelquefois plus pour 1 ; les chaux maigres et communes ne donnent que 1,30 et même 1,20.

Par mètre cube de chaux vive mesurée à pied d'œuvre, le volume après fusion varie de 1,24 pour la chaux hydraulique du Theil (Pavin de Lafarge) et de 2 pour celle de la Hève.

Pour la chaux éteinte en poudre, il s'opère par le gâchage une contraction qui peut varier de $0^{m3},620$ à $0^{m3},800$ de pâte pour 1 mètre cube de poudre.

Gypse ou plâtre.

Le gypse naturel a pour formule :

$$Ca\ SO^4 + H^2O$$

Sa composition quand il est pur est :

Ca O	32,56
SO³	46,51
H²O	20,93

Il commence à perdre son eau de cristallisation à la température de 115°-120°, mais les dernières traces ne sont éliminées qu'à 170°. Le gypse ainsi déshydraté constitue le plâtre employé dans la construction.

Il possède la propriété de s'unir de nouveau avec l'eau et de reprendre les deux molécules qu'il avait abandonnées. La calcination lui avait fait perdre sa forme cristalline ; l'hydratation lui fait reprendre sa forme.

Le plâtre sec, mis en contact avec l'eau, se transforme en une pâte qui ne tarde pas à sécher et à former un bloc compact. On dit que le plâtre *fait prise* : il se solidifie avec élévation de température. Le solide obtenu est formé par la masse des petits cristaux de néoformation qui se juxtaposent, s'engrènent et se feutrent jusqu'à former une nouvelle roche.

Pour conserver la faculté de s'hydrater de nouveau le gypse ne doit pas avoir été porté à une température supérieure à 200°-210°. Si, en effet, on élève la température au-dessus de ces limites le plâtre se transforme en un produit identique au sulfate de chaux anhydre naturel, à l'anhydride qui est incapable de former prise au contact de l'eau.

A 350° cette transformation est absolument complète.

Au rouge enfin, le plâtre *se fritte* et peut même fondre.

Le gypse naturel et le plâtre hydraté sont légèrement solubles dans l'eau et cette solubilité présente un optimum vers 35° ainsi que le montre le tableau suivant :

1 litre d'eau dissout à 0°...............	2ᵍ,05
— — 20°...............	2 ,40
— — 35°...............	2 ,54
— — 100°...............	2 ,57

Cette solubilité du plâtre explique la présence en assez grande quantité de sulfate de chaux dans un certain nombre d'eaux naturelles, en particulier dans les eaux de puits. Ces eaux sont dites *séléniteuses.*

Ce sont des *eaux dures* qui précipitent le savon et sont impropres à la lessive, qui durcissent les légumes et ne peuvent être employées à la cuisson ; enfin les eaux dures ont le redoutable inconvénient d'être incrustantes et de déposer dans les chaudières des couches dures, déterminant la brûlure des tôles, les coups de feu, l'explosion des chaudières, etc.

Ces incrustations répondent à un hydrate particulier que forme le sulfate de chaux dans ces conditions.

$$2Ca\ SO^4 + H^2 O$$

Le gypse naturel se rencontre surtout dans les terrains triasiques en amas lenticulaires parfois considérables souvent associés au sel gemme. Les environs de Paris renferment d'énormes bancs de gypse que l'on exploite soit à ciel ouvert, soit en carrières.

Les *bancs de plâtre* se rencontrent aussi à Montmartre, à Belleville, à Argenteuil, à Clamart, avec des sulfates de chaux renfermant jusqu'à 12 % d'impuretés et dont la composition est en moyenne la suivante :

Sulfate de chaux	70
Eau	19
Carbonate de chaux	8
Argiles et matières organiques	3
	100

La composition est variable dans un même banc où les parties supérieures sont toujours beaucoup plus riches en marne.

Le plâtre que l'on obtient avec le gypse de Paris est meilleur toutefois que celui qui provient des carrières de l'Autunois et du Dauphiné où les matières sont beaucoup plus pures.

On peut classer les plâtres, suivant leur plus ou moins grande résistance à la cuisson, en *plâtre dur* et en *plâtre tendre*. Un des meilleurs est aussi le plâtre dur qui provient des carrières du bassin de Paris et que l'on désigne sous le nom de *pied noir*.

Les mouleurs emploient une variété de plâtre très facile à cuire que l'on appelle *banc de mouton*. Elle est caractérisée par une texture très lâche permettant une vaporisation très facile de l'eau de cristallisation.

La *cuisson du plâtre* peut s'effectuer de différentes façons. Autrefois on la pratiquait simplement dans des fours formés de trois murs couverts de tuiles à claire-voie. On dispose entre ces trois murs le gypse cru de telle sorte que les plus gros morceaux soient à la base et forment le dôme de petites voûtes dans lesquelles on placera les foyers nécessaires. Ces voûtes sont établies sur toute la profondeur du four mesurant 40 centimètres environ de largeur ; elles sont séparées les unes des autres par l'épaisseur de deux gros moellons ; on surmonte ces voûtes de morceaux de moins en moins gros, les plus petits étant placés au sommet.

Le chauffage se fait au moyen de feux de bois sec dont la flamme circule à travers toute la masse ; le chauffage est ainsi plus énergique pour les gros morceaux.

La cuisson dure de dix à douze heures. On cesse le feu et cinq ou six heures après on démolit le four.

Silice, diatomite ou kieselguhr.

On connaît en Allemagne une terre particulière, connue sous le nom de *kieselguhr* ou terre d'infusoires, très abondante notamment dans la province de Hanovre. Cette substance, que l'on rencontre également en France, principalement dans le voisinage du Plateau Central, est constituée par une roche siliceuse formée d'une agglomération de débris d'êtres organisés inférieurs, que l'on croyait être, il n'y a pas encore bien des années, des protozoaires. Aujourd'hui, il est acquis qu'il s'agit d'algues microscopiques, c'est-à-dire de végétaux.

Pris à la surface du dépôt, le kieselguhr présente une couleur blanchâtre et se trouve formé de silice presque pure. Lorsqu'il provient de couches profondes, il présente une coloration grise et se trouve souillé de débris de matières organiques. Toutefois cette teinte peut être détruite par une calcination modérée, et alors la terre d'infusoires acquiert une coloration variant du jaune crême au jaune rougeâtre suivant les quantités d'oxyde ferrique qu'elle contient. Les acides les plus forts n'attaquent pas sensiblement cette substance, mais les alcalis en fusion la désagrègent facilement, ce qui permet d'obtenir une variété de verre soluble.

Les plus riches dépôts de kieselguhr, après ceux du Hanovre, sont ceux que l'on rencontre en Écosse près d'Aberdeen et dans l'île de Mull en Norvège. On rencontre également des gisements en Amérique, aux Bermudes et dans l'État de Virginie, en Australie et en Algérie, et, comme nous le disions plus haut, on en a trouvé également en France.

Voici tout d'abord l'énumération des différentes variétés de terres d'infusoires que nous désignerons, pour éviter toute confusion dans les noms, sous le terme générique de *diatomite*, qui rappelle leur origine commune et aujourd'hui indubitable.

1° KIESELGUHR. — On reconnaît donc les formes suivantes : *Surirella, Gaillonella, Diadesmis, Pleuro-*

sigma, Synedra, Stephandiseus, Spongolithis, Amphora, Melosira, Navicula.

2° DIATOMITE ÉCOSSAISE. — Cette variété renferme surtout les individus suivants : *Diatoma, Cymatopleura, Synedra, Gamphonema, Cocconema, Surirella, Primularia, Rhabdonema.*

3° DIATOMITE DE VIRGINIE. — Une couche profonde de 18 pieds forme le sous-sol de toute la ville de Richmond. Cette variété est si compacte qu'on peut en façonner divers petits objets, mais, en même temps, elle est très légère et friable. Elle se distingue par le nombre et la beauté des formes qui la constituent, parmi lesquelles prédominent : *Cosciusdiscus, Dichyolampa, Rhabdonema, Triceratum.*

4° DIATOMITE AUSTRALIENNE. — C'est une belle poudre blanche, formée presqu'entièrement par le genre *Tetracyclus;* on y rencontre aussi parfois des *Pleurosigma,* des *Surirella,* des *Amphora,* des *Diatoma.*

5° DIATOMITE NORVÉGIENNE. — Connue sous le nom de *bergmehl,* cette variété renferme une grande proportion de matière organique, ce qui a permis d'en faire, en cas de disette, une sorte de pain, en la mélangeant avec une certaine proportion de pâte de farine ; d'où son nom de « farine de montagne ».

L'examen de huit échantillons de diatomites, provenant de diverses sources, révèle des différences de composition très grandes.

Dans aucun cas, la teneur en silice n'a dépassé 95 %, et souvent même elle n'atteint que 70 %, le reste étant constitué par l'eau hygroscopique, la matière organique, l'acide ferrique et l'alumine. L'humidité oscille entre

2,68 et 7,8 %, la moyenne étant de 5,73 %. La matière organique intervient pour 2,43 à 23,6 %, avec une moyenne de 7,43 %.

Les algues qui ont constitué la diatomite se trouvent être constituées par une masse protoplasmique vivante, contenant un endochrome verdâtre et secrétant une carapace siliceuse, souvent ornée des dessins les plus délicats et les plus gracieux. Les diatomées forment leur carapace et décomposent les silicates solubles qui se trouvent dans les eaux où elles vivent. Certaines espèces, non plus fossiles, mais encore existantes, décomposent les sels de fer et se forment une carapace d'oxyde ferrique ; c'est même là l'origine d'un des meilleurs minerais de fer de Suède.

De ce qui précède, découle la preuve évidente de l'origine végétale de la silice.

Cependant un doute peut subsister si l'on examine les différences de coloration que présentent les diatomites suivant leur provenance, différences qui sont parfois très considérables. Mais il suffit d'étudier ces corps au microscope pour reconnaître que le fait de la couleur plus ou moins foncée dépend du nombre plus ou moins grand d'espèces végétales qui ont concouru à la formation. On a compté jusqu'à vingt espèces d'algues différentes ayant collaboré à la constitution d'un même gisement. Mentionnons entre autres le fait particulièrement intéressant qui suit :

Dans une carrière du Plateau Central on a relevé la présence d'une espèce d'algue qui ne se rencontre qu'au Mexique. Enfin, il existe une variété de silice qui est connue sous le nom de randanite. De même origine et de formation identique à celle du kieselguhr, la randanite ne se prête cependant pas exactement aux mêmes applications industrielles.

Les applications industrielles de la silice sont extrêmement nombreuses et variées ; on n'en compte pas moins de trente ; qu'il nous suffise de citer : les produits réfractaires, l'émaillage des fontes, la faïencerie, le tripoli, le transport des acides, la fabrication des allumettes, le polissage des métaux et des glaces, le remplissage des parquets, le garnissage des chaudières à vapeur, etc., etc.

Mais c'est surtout du côté de la fabrication des produits réfractaires que doit se porter l'attention. Les besoins sont très considérables, l'importation allemande en France le démontre surabondamment, et la consommation s'accroîtra certainement dans de vastes proportions le jour où les besoins trouveront à leur portée le moyen de se satisfaire.

Pouzzolanes.

On désigne sous le nom de *pouzzolanes* toutes les substances qui communiquent à la chaux grasse éteinte alors qu'on la mélange avec eux en certaines proportions, la propriété de durcir et faire prise sous l'eau sans toutefois avoir subi de cuisson préalable. Les anciens Romains les connaissaient déjà et s'en servaient, d'après Vitruve, dans la fabrication de leurs mortiers aériens ou hydrauliques. Ils se servaient des cendres volcaniques qu'ils recueillaient soit dans la baie de Naples, soit dans l'île de Santorin.

Pendant de longs siècles on perdit les procédés des

anciens et on n'utilisa plus que les terres de Santorin et les cendres du Vésuve. Ce n'est qu'au XIXe siècle que l'on reprit cette étude et qu'on utilisa de nouveau les pouzzolanes pour la fabrication des mortiers hydrauliques.

Les pouzzolanes sont des composés argilo-siliceux qui ont subi, tantôt naturellement, tantôt artificiellement, l'action d'une température élevée. Les pouzzolanes naturelles existent dans tous les terrains volcaniques anciens ou récents; ils constituent les tufs de Pouzzoles et des amas considérables en Auvergne, dans les Ardennes. Ils forment généralement des couches très puissantes au pied des coulées de lave placées entre deux coulées consécutives.

On peut diviser les pouzzolanes naturelles de la façon suivante :

1° La *terre de Pouzzoles* qui se présente en morceaux de lave poreuse dont la couleur varie du gris de cendre jusqu'au noir et que l'on rencontre à Pouzzoles, près de Naples sur le versant Sud-Ouest des Apennins, et dans le Sud de la France.

2° Le *stuff* poreux est une roche d'un gris jaunâtre allant jusqu'au brun qui constitue des masses plus ou moins épaisses dans les terrains volcaniques. On le trouve en France, dans l'Auvergne et les Ardennes ; en Allemagne, à Andernalt sur le Rhin, dans l'Eifel, dans la Bavière, à Nordlingen et en Islande où il se présente sous la forme d'un trachyte à texture légère.

3° La *terre de Santorini*, dans les îles grecques, forme des masses plus ou moins épaisses de silice libre et amorphe.

4° Les *pierres ponces*, que l'on rencontre dans le voi-

sinage de tous les volcans éteints ou encore en activité.
Ce sont donc toujours des silicates en partie solubles
dans l'acide chlorhydrique.

De nombreuses analyses ont été faites des pouzzolanes
naturelles. Les pouzzolanes italiennes auraient, suivant
certains auteurs, la composition suivante :

Partie soluble dans l'acide chlorhydrique :

Silice...............	10,24	10,25	19,50
Alumine...........	9,00	2,56	9,70
Sesquioxyde de fer..	4,76	4,48	6,50
Chaux.............	1,80	1,80	8,00
Magnésie..........	—	—	0,90
Potasse............ }		1,50 }	
Soude............. }	1,50	1,47 }	2,60
	27,40	21,92	47,20

La pouzzolane des Ardennes est, d'après Sauvage,
formée de :

Silice soluble......................	56
Alumine...........................	7
Sable quartzeux....................	17
Chlorite...........................	12
Eau...............................	8
	100

Les pouzzolanes de l'Hérault et de l'Auvergne sont
formées, d'après Rivet, de :

Partie soluble dans l'acide chlorhydrique

	Hérault	Auvergne
Silice......................	21,0	28,2
Alumine....................	10,7	2,0
Sesquioxyde de fer...........	6,8	21,8
Chaux.....................	1,5	9,0
Magnésie...................	1,1	—
Alcalis.....................	3,0	1,2
Eau.......................	12,1	4,1
	56,2	66,8

Partie insoluble dans l'acide chlorhydrique

Silice	·35,5	25,0
Alumine	8,2	7,7
Chaux	1,3	1,3
	45,0	33,0

Les pouzzolanes naturelles, calcinées jusqu'à expulsion totale de leur eau de constitution, perdent la propriété de l'absorber de nouveau et ne peuvent communiquer à la chaux un degré quelconque d'hydraulicité.

Les pouzzolanes artificielles sont le plus souvent des argiles qui ont subi une cuisson convenable. Pour cela, l'argile réduite en poudre est mélangée à de la sciure de bois, des débris de paille, etc., et chauffée au rouge sur des plaques de fer. On doit brasser constamment la masse, les matières organiques brûlent et disparaissent, mais elles ont rendu l'argile très poreuse, ce qui a augmenté la puissance pouzzolanique de l'argile.

On peut plus simplement torréfier l'argile concassée dans les parties supérieures d'un four à chaux en activité. C'est, en effet, la température de cuisson de la chaux qui convient le mieux à la préparation des argiles.

On se sert aussi quelquefois de fours à réverbère à soles superposées, que la matière parcourt successivement.

Signalons encore parmi les substances pouzzolaniques :

Les *arènes* ou *sables,* silice riche en matière argileuse et provenant de la décomposition de roches anciennes ; on accroît leur énergie par une légère calcination, et les *psammites schistoïdes* provenant de la décomposition des balischistes et micaschistes primitifs ; ce sont des grains fins faisant pâte argileuse avec l'eau.

Les laitiers de haut-fourneau ;

Le mâchefer ;

Les cendres de houilles et de tourbe.

Quelle que soit leur origine, on peut classer avec M. Vicat les produits pouzzolaniques de la façon suivante :

1° Pouzzolanes très énergiques faisant prise avec la chaux dans les premiers jours d'immersion.

2° Pouzzolanes énergiques faisant prise du quatrième au huitième jour.

3° Pouzzolanes peu énergiques faisant prise du dixième au vingtième jour.

L'essai de l'énergie d'une pouzzolane se fait généralement en déterminant la quantité de chaux qu'elle peut enlever à de l'eau de chaux. L'essai est alors effectué de la façon suivante :

A un volume déterminé d'eau de chaux on ajoute la pouzzolane pulvérisée par petites portions. Quand toute la chaux a été absorbée, une prise d'essai du liquide ne précipite plus par le carbonate de soude. Le pouvoir pouzzolanique est inversement proportionnel à la quantité de produit ajouté à l'eau de chaux. Il semble que la dureté du mortier auquel il donnera naissance suive la même loi.

Nous donnons à titre d'indication, dans le tableau suivant, les quantités d'eau de chaux qui sont dépouillées, d'après M. Vicat, par certaines argiles.

Bonnes argiles à pouzzolanes crues. 4 à 500 parties d'eau de chaux
    —   — calcinées au
             rouge à l'air. 260   —   —
    —   — calc. au rouge
             en vase clos. 100   —   —
Pouzzolanes d'Italie cuites......... 147   —   —
Argiles donnant une pouzzolane mé-
             diocre... 60 à 80 —   —
    —   — mauvaise. 25 à 38 —   —

Mais les pouzzolanes ont été quelque peu délaissées pour la composition du ciment depuis la découverte du portland artificiel, et l'on essaye maintenant de trouver aux pouzzolanes des emplois nouveaux. A cet effet, on a étudié la possibilité de les employer dans les mortiers de chaux grasse. Il s'agit d'incorporer dans les pores du mortier de ciment portland une certaine porportion de pouzzolane qui doit former, par le durcissement ultérieur qui élimine la chaux, un nouveau ciment pouzzolanique. Le ciment ajoute encore à la résistance du portland aux agents mécaniques et aux effets de l'eau de mer.

Lorsque l'on examine un bloc de mortier durci, on voit qu'il est formé de :

Silicates divers ;

Sables et corps inertes ;

Chaux hydratée ;

Aluminates instables.

Entre ces différents matériaux se trouvent des vides.

Plongé dans l'eau de mer, par exemple, le bloc de mortier aura peu à peu ses cavités remplies de liquide et, par différentes réactions, il se formera du sulfo-aluminate de chaux, dont M. Michaelis a donné la formule suivante :

$$Al^2 O^6 Ca^3 + 3SO^4 Ca + 30H^2O$$

Ce sel, en cristallisant, occupe un volume relativement considérable et, par sa seule présence, il désagrège et sépare les grains de mortier. Son action est donc particulièrement dangereuse et compromet fortement la solidité du bloc.

Or, pour empêcher ce fait de se produire, M. Michaelis a proposé d'employer un mélange approprié de ciment et de pouzzolane. Sous l'action de l'eau, le ciment laisse échapper de la chaux et la pouzzolane de la silice. Ces deux corps se combinent aussitôt et forment pour ainsi dire un ciment complet, qui peut parfaitement boucher les interstices forcément compris dans la masse du mortier.

La glaise a été récemment étudiée pour servir aux mêmes emplois; elle est constituée par des débris spongieux et contient une très forte proportion de silice; on la rencontre ordinairement sous forme de petites masses jaunâtres ou bleuâtres dans l'est de la France, le département du Cher, et toute la Belgique. Sa composition est très variable, et parfois plusieurs échantillons pris au même gisement présentent des différences notables.

On peut encore placer, parmi les matières pouzzolaniques, le laitier de haut-fourneau que l'on obtient pendant la fabrication du fer et dont on fait généralement le ciment de laitier. Cette matière ne peut pas être employée pour des travaux à l'eau de mer; elle n'est pas suffisamment résistante; mais elle est fort solide pour des travaux d'eau douce.

On peut aussi ajouter, avec avantage, de la pouzzolane aux chaux hydrauliques. Celle-ci remplace la matière inerte qu'on leur incorpore et qui le plus souvent est de la chaux grasse.

Cette addition de pouzzolane, dit M. Leduc, n'a qu'un léger inconvénient, c'est que, pendant les premiers jours du durcissement, la formation du ciment pouzzolanique sur la chaux provenant du Portland est assez lente, en sorte que, pendant quelque-temps, la pouzzolane reste à peu près inerte et le mortier a une résistance moindre que s'il était composé entièrement de ciment.

Certains industriels ont craint que l'addition de pouzzolane dans les mortiers n'entraînât une perte sèche pour l'industrie du ciment. C'est, d'après l'auteur que nous venons de citer, une erreur. D'abord, on n'arrête pas le progrès, c'est aux hommes d'initiative à le suivre et c'est folie que de vouloir l'enrayer; ensuite, les mortiers pouzzolaniques revenant à meilleur compte, il s'ensuit qu'on emploiera du ciment là où on se servait autrefois d'autres matériaux.

Nous donnons ici un tableau de M. Leduc montrant l'heureuse influence de l'addition de pouzzolane quant à la résistance des mortiers.

	Résistance à la compression par cm² après conservation d'un an dans de l'eau de mer	
	Mortier maigre	Mortier riche
Ciment sans addition.......	40 kilog.	171 kilog.
Grès siliceux..............	20 —	92 —
Pouzzolane de Velay........	29 —	112 —
Trass....................	35 —	150 —
Laitier non trempé.........	35 —	125 —
Briques..................	27 —	206 —
Glaise légèrement torréfiée..	29 —	157 —
Pouzzolane de Baccali.......	40 —	170 —
— de Rome.............	43 —	124 —
— de Nebraska (E.-Unis).	33 —	176 —
Glaise crue...............	38 —	184 —
Terre de Santorin.........	41 —	218 —
Pouzzolane artificielle.......	51 —	230 —
Laitier trempé (granulé)....	51 —	197 —
Autre laitier trempé (granulé).	56 —	257 —
— — ..	60 —	272 —

Liège.

Le liège est employé dans les constructions sous forme de prismes rectangulaires (briques) ou de plaques (carreaux), agglomérés et moulés. A l'état naturel, le liège se présente sous l'aspect de planches d'épaisseur variable, de 15 à 35 millimètres. On utilise de préférence, pour cette application, la qualité de liège la plus grossière provenant du premier écorçage ou *démasclage* du chêne-liège. Nous verrons, dans un chapitre ultérieur, les méthodes de préparation de ce genre d'aggloméré ainsi que les usages auxquels on l'emploie.

Laitiers.

Le laitier est constitué par les scories et les impuretés qui surnagent la fonte en fusion, sortant des hauts-fourneaux. Jusqu'à ces dernières années, les laitiers étaient considérés comme des résidus encombrants et sans utilisation possible, mais on a reconnu depuis lors que cette matière pouvait entrer dans la composition de briques et de ciments spéciaux. Les applications se sont multipliées, et l'étude des laitiers nécessitera un chapitre spécial auquel nous renverrons le lecteur.

CHAPITRE III

L'OUTILLAGE

FOURS. — SÉCHOIRS. — MATÉRIEL DE BROYAGE. — PRESSES.

Fours à chaux.

Il existe plusieurs variétés de fours destinés à transformer en chaux vive les pierres calcaires. On peut les classer de la manière suivante : fours à marche discontinue, fours à marche continue et fours circulaires. Dans les premiers, le carbonate de chaux est entassé à la partie supérieure, tandis qu'un foyer servant à la calcination du produit est placé à la partie inférieure. Quand la chaux est suffisamment calcinée, on cesse le feu, on laisse refroidir, on vide le four et on recommence une nouvelle opération.

Le four le plus primitif est une cuve en maçonnerie de forme quelconque dans laquelle on dispose, à la partie inférieure, un foyer de bois ; on place au-dessus une voûte grossière faite en calcaire, puis une couche de combustible, une couche de calcaire et ainsi de suite. Dans ces conditions, on allume le feu à la partie inférieure et la combustion se propage aux couches de combustible successives.

On peut remplacer le bois par du lignite, de la tourbe, voire même de la houille.

Dans un certain nombre de régions, le Harz par exemple, on emploie un four déjà mieux conditionné.

Il est formé par une cuve ovoïde, garnie d'un revêtement interne en brique réfractaire et entourée d'une plus ou moins puissante maçonnerie ; on dispose à la base des fours, vis-à-vis de la porte qui regarde le foyer, une sorte de voûte avec les plus gros morceaux de calcaire, on place des morceaux plus petits ainsi jusqu'au sommet que l'on remplit avec les menus. L'action de la chaleur la plus forte s'exercera donc sur les plus gros fragments. On allume le feu dans la voûte et on poursuit la calcination en augmentant graduellement le feu jusqu'à ce que tous les fragments, même les plus volumineux et ceux placés à la partie supérieure, soient parfaitement calcinés. On laisse refroidir et on défourne.

La calcination dans un tel appareil se fait sans aucune économie. Aussi est-il souvent avantageux de le remplacer par des appareils plus méthodiques.

Nous pouvons indiquer le four intermittent en entonnoir ; il présente à peu près la forme d'un tronc de cône reposant sur sa plus petite base ; une grille supporte les couches successives de calcaire et de combustible, tandis qu'un foyer placé sous la grille permet l'amorçage de l'opération.

Les fours coulants à cuisson continue sont beaucoup plus économiques. Une première forme est une modification des fours à entonnoir. C'est en effet un long entonnoir sur le côté duquel, extérieurement, se trouve un foyer communiquant avec l'intérieur par un conduit coudé. Il y a ainsi trois ou quatre foyers qui s'ouvrent en des points différents du four, également distants les uns des autres et à la même hauteur. On peut se servir comme combustible de la houille ou lignite ou de la tourbe.

Une ouverture, également latérale, mais inférieure à celle des foyers, se trouve pratiquée dans la paroi du four; elle est destinée à la sortie de la chaux lorsqu'elle est cuite.

Pour mettre l'opération en train, on allume un feu de broussailles sur la sole, afin de la dessécher et même de la chauffer un peu, puis on allume le foyer avec du bois. Le four est alors rempli de nouveau de morceaux de calcaire de même épaisseur que l'on range le plus systématiquement possible en évitant les creux; puis on allume le foyer et l'opération commence pour ne plus s'arrêter.

Une porte placée tout à fait à la partie supérieure de la paroi permet de charger la pierre, à mesure que la chaux s'écoule au bas sur un plan incliné qui fait suite à la porte de sortie.

Un autre four coulant est celui de M. Simonneau. Sa forme est celle d'un ellipsoïde très allongé, tronqué en haut et en bas. La base inférieure est assez étroite; elle est formée par la grille. La base supérieure est beaucoup plus large; au niveau de la grille, on trouve une ouverture qui est la porte de défournement. Les ouvriers peuvent y pénétrer par une voûte qui les préserve de la chaleur qu'ils auraient à supporter s'ils arrivaient directement.

A une certaine hauteur, quatre conduits latéraux amènent la chaleur au four. Ces tuyaux appelés *chauffes* possédent une grille qui supporte le combustible. Ils se terminent à l'extérieur par deux chambres servant de logis aux chauffeurs.

Pour pouvoir régler le feu avec précision, tous ces orifices communiquant directement avec le four sont préservés par des portes à registre en tôle que l'on ouvre ou que l'on ferme selon que l'on veut activer ou retarder l'arrivée du feu et de l'air.

Mais la chaux qui est ainsi *cuite au bois* renferme souvent une certaine proportion de potasse qui provient des cendres de bois. La propriété qu'en acquiert la chaux la rend impropre à certains emplois ; aussi faut-il toujours, si l'on craint que la chaux ne contienne de la potasse, lorsqu'on prépare un lait de chaux, laisser séjourner la chaux éteinte dans l'eau un peu à l'avance et changer cette eau plusieurs fois avant de s'en servir.

Le four Smidth (fig. 6) est chauffé avec un combustible quelconque, de préférence la houille ; l'utilisation de la chaleur y est méthodique par suite de l'introduction directe du combustible dans la zone de combustion.

Les gaz de la combustion servent à chauffer le carbonate de chaux non encore cuit, tandis que la chaleur de la chaux cuite chauffe l'air qui servira à la combustion.

Fours à plâtre. — La cuisson du plâtre peut s'effectuer de diverses manières. Autrefois, on la pratiquait simplement dans des fours formés de trois murs couverts de tuiles à claire-voie, le gypse cru étant disposé entre ces trois murs de telle façon que les plus gros morceaux se trouvent à la base et forment le dôme de petites voûtes dans lesquelles on place les foyers, les plus petits fragments étant empilés à la partie supérieure. Le chauffage se fait au moyen de feux de bois sec dont la flamme circule à travers toute la masse, et la cuisson demande dix à douze heures. Mais, avec cette méthode, une certaine portion se compose de plâtre trop cuit et les pierres sont *frittées*. Il est donc bien préférable de se servir de *fours coulants* à foyer latéral, où l'on peut brûler du bois, de

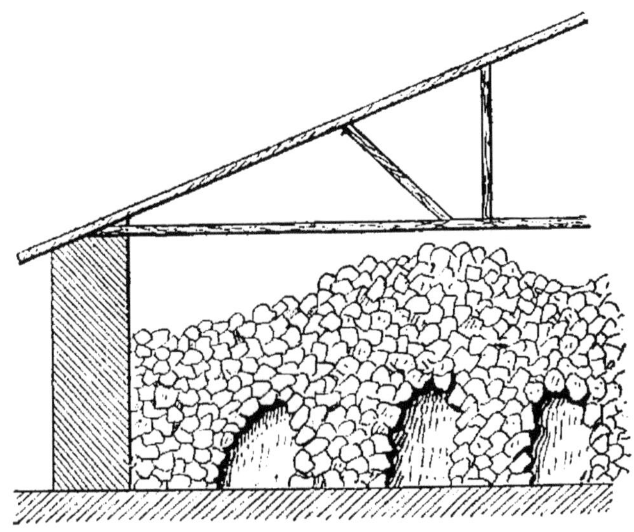

Fig. 1. — Four à plâtre.

la tourbe ou de la houille, ou que l'on chauffe par la combustion des gaz se dégageant de fours à coke. Dans ce dernier cas on réunit en un seul massif fours à plâtre et fours à coke, on les adosse l'un à l'autre en les séparant au moyen de deux conduites qui régularisent l'écoulement gazeux, tandis que l'on règle la température en augmentant ou diminuant le courant de gaz chaud par des registres.

On se sert aussi quelquefois de *fours coulants* conoïdes à orifice de décharge latéral (fig. 2).

Nous pouvons encore citer le four Dumesnil, qui est formé d'un massif de maçonnerie souterrain dans lequel se trouve un foyer chauffé au bois et où l'air peut pénétrer au moyen d'un ouvreau, le tout est recouvert du four proprement dit qui comprend :

1° Une sole communiquant avec le foyer au moyen de carneaux coudés lesquels s'ouvrent dans le four sous des cloches en fonte perforées placées sur la sole ; le reste du

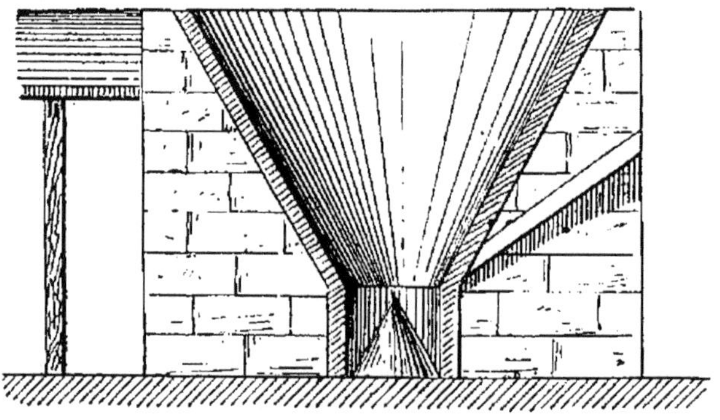

Fig. 2. — Four coulant.

four est un dôme en maçonnerie surmonté d'une haute cheminée.

Le gypse en morceaux d'un volume de 1 à 2 ou 3 centimètres cubes est entassé sur la sole et sur les cloches, tandis que les menus sont placés à la partie supérieure. Le chargement se fait par des portes fixées dans la maçonnerie. La capacité du four est de 30 mètres cubes. La cuisson dure 12 heures et le coût est de 5 fr. 15 par mètre cube.On laisse le four se refroidir pendant 12 heures et on retire le plâtre ; l'opération dure donc 24 heures.

Signalons encore le procédé de cuisson du plâtre Violette, dans lequel la calcination est effectuée par la vapeur surchauffée à 200 degrés ; mais ce procédé a l'inconvénient de coûter fort cher, aussi ne peut-on l'employer avec avantage que pour les albâtres ; dans ce cas, en effet, le plâtre obtenu est d'une grande finesse et il est nécessaire que le chauffage soit parfait, ni trop fort, ni trop faible.

Fours à ciment.

La cuisson du ciment s'opère dans des fours particuliers que l'on peut ranger dans deux catégories : les fours *intermittents* et les fours *continus*, qui eux-mêmes se subdivisent en plusieurs variétés : M. Leduc les classe comme suit dans son remarquable ouvrage sur le ciment :

1º Fours intermittents
- ordinaires
- a séchoirs

2º Fours continus
- genre Hoffman — ordinaires.
- coulants — a séchoirs.
- rotatifs
- chauffés au gaz

Les fours intermittents tendent à disparaître, en raison de leur production peu élevée et de leur consommation exagérée de combustible. Les modèles les plus simples sont des fours à chaux surmontés d'une cheminée conique. Les modèles anglais et allemands sont de très grandes dimensions permettant de cuire jusqu'à 400 mètres cubes de roches dans une seule fournée. La fig. 3 représente la coupe d'un four allemand. La cuve du four français (fig. 4) est de dimensions plus modestes, sa section est ovoïde, en s'évasant à la partie supérieure, et surmontée d'une cheminée **en pain de sucre**.

Les rapports des grandeurs de ces fours sont les suivants :

Diamètre au ventre......................	3 à 4 mètres.
Hauteur...............................	5 à 6 —
— du tronc de cône supérieur (formant cheminée)......................	4 à 6 —

On y verse alternativement des couches superposées

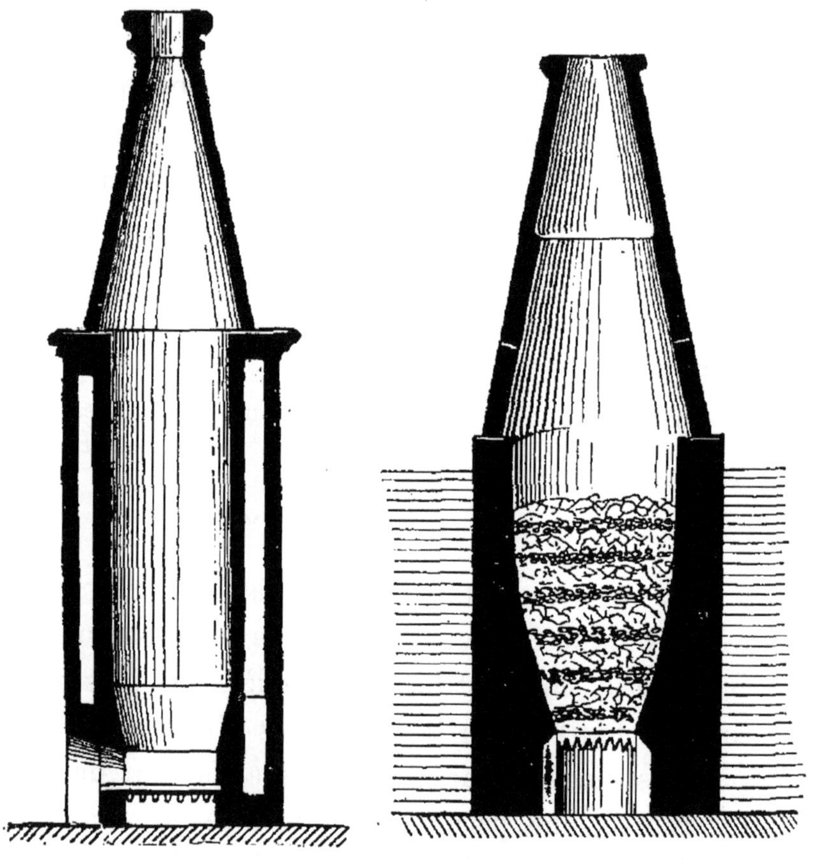

Fig. 3. — Four allemand.   Fig. 4. — Four français.

de combustible et de pâte sèche, concassée en morceaux gros comme le poing. On allume à la partie inférieure quelques fagots et on lute tous les orifices. La durée d'une cuisson est de quatre à douze jours. 1,000 kilogrammes de ciment exigent environ 300 à 400 kilogrammes de combustible en moyenne.

Dans les fours anglais ou *fours Johnson* les gaz, au lieu de s'échapper directement par la cheminée, circulent horizontalement sous des plateaux où est étalée la pâte liquide que l'on fait ainsi sécher.

Tous les systèmes présentant des dispositions analogues ont le grave inconvénient d'être intermittents, c'est-à-dire de nécessiter à la fin de chaque opération un déchargement et un rechargement complet.

On évite cet arrêt dans la marche de l'appareil en employant des fours continus dits *fours coulants*. Le four coulant

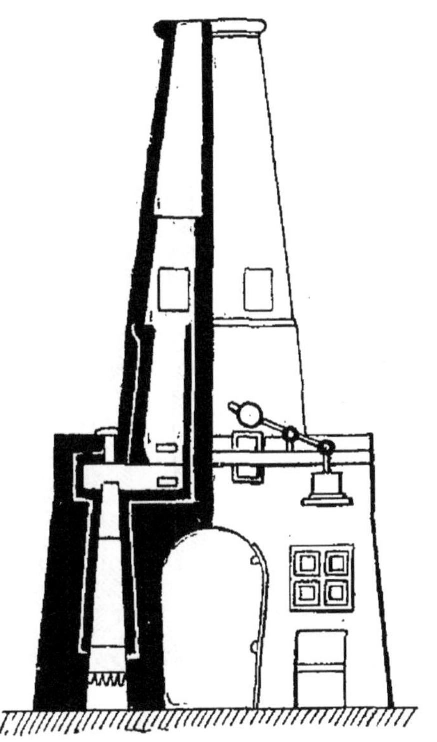

Fig. 5. — Coupe d'un four Dietz.

à étages de Dietz (fig. 5) est de forme elliptique; il mesure de 20 à 25 mètres. A sa partie supérieure se trouve le creuset où s'opère la cuisson, tandis qu'une chambre de refroidissement communiquant avec le creuset se trouve à la partie inférieure. On charge dans le creuset combustible et pâte sèche. La matière cuite descend dans la chambre de refroidissement par suite d'un vide que l'on détermine en retirant une certaine quantité de matériaux. Quand le produit est refroidi, on l'extrait par un certain nombre d'ouvertures disposées à la partie inférieure. Toute la masse descend et l'on charge de nouveau, au sommet de l'appareil, de la pâte sèche et du combustible.

MM. Smidth de Copenhague ont aussi imaginé deux

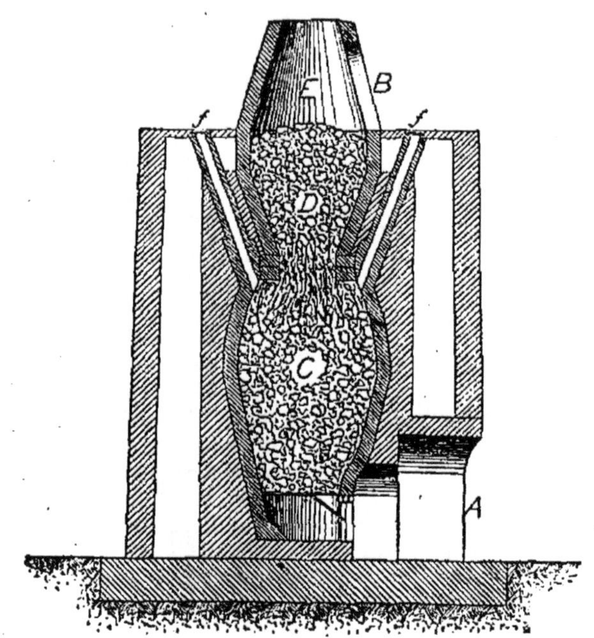

Fig. 6. — Four Smidth.

fours coulants à ruche : le four Smidth et le four Aalborg fig. 6 et 7.

Ces deux fours ont un principe commun : Introduction directe du combustible dans la zone de combustion ; les gaz de combustion servent à chauffer les briques de ciment cru pendant que la chaleur du ciment cuit chauffe l'air nécessaire à la combustion. Grâce à ces principes très rationnels, le pourcentage de combustible

est très faible ; on compte en moyenne 12 à 15 % de combustible. Le combustible pour ces fours
est la houille.

On a imaginé enfin
des fours rotatifs.

Ransome calcinait les
matières premières pul-
vérulentes et à l'état de
mélange homogène dans
des cylindres mobiles
autour de leur axe dont
la paroi interne était recouverte de briques et
dans lequel se faisait la
combustion des produits
d'un gazogène.

Sur ce principe a été
établi le four rotatif de
F.-L. Smidth dans le-
quel le combustible est
du poussier de charbon
en ignition injecté par
une tuyère.

Il se compose d'un
long tube incliné mo-
bile sur des galets, le
mouvement de rotation
lui étant transmis au

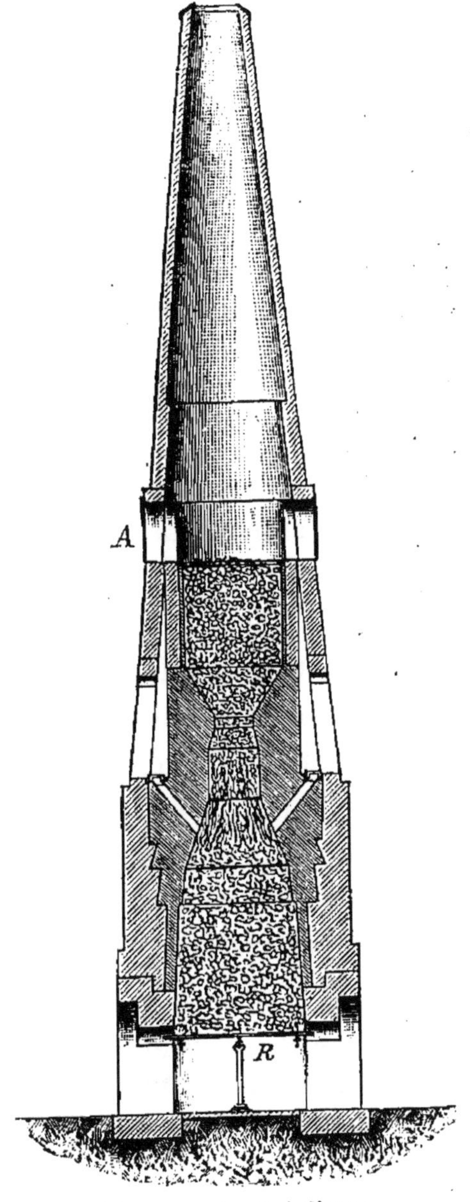

Fig. 7. — Four Aalborg.

moyen d'engrenages à raison de deux ou trois tours par
minute. A la partie inférieure se trouve une plaque de

devanture mobile traversée par un tube qui permet l'introduction du combustible. La partie supérieure du cylindre pénètre dans la cheminée par laquelle s'échappent les produits de la combustion et où se trouve l'arrivée de la pâte à ciment encore humide.

Cette pâte commence par se dessécher dans la partie supérieure où elle se trouve en contact avec les gaz chauds provenant de la combustion du charbon. Le ciment est cuit dans la partie moyenne où le charbon pulvérulent est en pleine ignition. En quittant le four, il tombe dans un refroidisseur et chauffe l'air nécessaire à la combustion.

Ce four rotatif peut être aussi bien employé dans les fabriques à ciment travaillant par la méthode sèche que dans celles travaillant par le procédé humide. Dans les premières fabriques, on introduit directement dans le four le ciment cru, tel qu'il sort des tubes broyeurs finisseurs, et on évite ainsi la fabrication des briques, qui est nécessaire quand on veut cuire les ciments dans les fours fixes puis le séchage et toute autre manipulation.

Dans les usines à ciment qui travaillent par la voie humide, on peut pomper directement la pâte telle qu'elle vient des bassins doseurs, sans élimination d'eau préalable. A cause de l'extrême finesse à laquelle on introduit le combustible, il est possible de régler l'air de combustion, de façon à ne travailler qu'avec de très faibles excès d'air; et des analyses des gaz exécutées régulièrement dans les usines montrent que, à l'état normal, il n'y a que 0,5 à 1 % d'oxygène dans les fumées. Comme, d'un autre côté, les gaz de combustion sont utilisés pour sécher la pâte, la température des gaz dans les

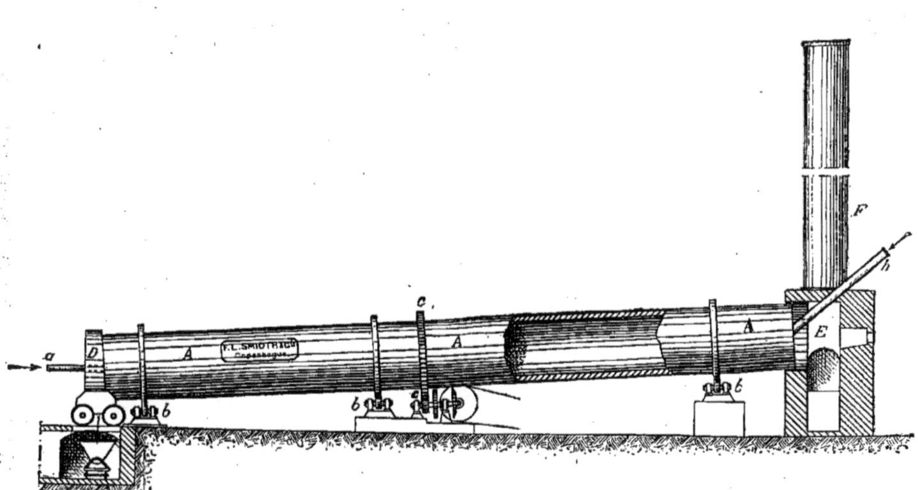

Fig. 8. — Installation d'un four rotatif Smidth et Cie.

fumées n'est en général que 200 à 250° centigrades.

De pareils fours fonctionnent en Amérique, en France, en Allemagne, en Italie, en Angleterre, en Suède, etc. Partout ils donnent entière satisfaction. La quantité de combustible exigée pour cuire une tonne de ciment est de 300 kilogrammes de charbon gazier de New-castle. L'entretien des fours n'est pas coûteux. Tous les trois mois environ, il suffit d'un arrêt de 24 heures pour remplacer 3.000 kilogrammes de briques réfractaires. Nous pouvons dire que ce système de four est appelé à un grand avenir, car il supprime environ 50 % de la main-d'œuvre.

Four Bauchère. — Ce système de four continu a été imaginé par M. Bauchère, directeur technique de la Société des Ciments Français, et il est le seul employé dans les usines de cette Société. Il se compose d'un four tronconique, surmonté d'une partie conique par laquelle on introduit la pâte à sécher et le charbon. Les gaz chauds, composés en grande partie d'oxyde de carbone, circulent dans le séchoir après avoir brûlé au contact de l'air chaud.

Four Hoffmann. — Ce four, très employé pour la cuisson des briques, du ciment et de la chaux, présente des dispositions particulières. Il est de forme circulaire ou composé de deux galeries assemblées par un demi-cercle et divisées en quinze ou vingt compartiments communiquant chacun et séparément avec l'extérieur, et en même temps avec un caniveau central aboutissant à la cheminée.

Le four Hoffmann, à côté d'incontestables avantages, présente de sérieux inconvénients. Il exige un tirage très

le type de l'appareil, deux disques ou tambours fixés
sur les arbres moteurs. Ces disques s'emboîtent l'un dans
l'autre, de manière que les tambours de la première puis-

Fig. 19. — Moulin broyeur à cylindres de Krupp.

sent tourner dans les intervalles des tambours de la seconde. Les arbres moteurs reçoivent, en sens inverse
l'un de l'autre, un mouvement de rotation assez lent, au
moyen de deux courroies dont l'une est droite et l'autre

croisée. Une enveloppe en tôle, facilement démontable, recouvre complètement la partie supérieure de l'appareil.

Il est facile de comprendre la marche de l'opération.

La matière à traiter est introduite d'une façon continue par une trémie disposée au centre de l'enveloppe. Projetée vers l'extérieur, sous l'action de la force centrifuge, elle rencontre successivement les différents cylindres qui, tournant en sens inverse, lui font suivre un chemin en zigzag. Le broyage est ainsi produit, d'une part par les *chocs* reçus au contact des broches, d'autre part par le *frottement* qu'exercent entre eux les morceaux projetés avec force les uns contre les autres.

La durée de l'opération, qui varie suivant la dimension et la vitesse de rotation des tambours, est très faible. La production de cet appareil est ainsi très considérable, pour une puissance absorbée relativement réduite.

Broyeur Loiseau. — Ce système, qui diffère complètement des précédents, est construit par MM. Weidknecht fils et Schœller, et notre gravure en donne la vue perspective.

Les appareils Weidknecht-Schœller (fig. 20) consistent dans une disposition de marteaux ou fléaux articulés oscillant sur des axes et frappant à la volée la matière introduite par la trémie. L'imitation du travail de l'homme a été le point de départ et le but de l'invention de ces broyeurs.

De même que l'ouvrier cantonnier qui casse les pierres sur les routes est armé d'une massette munie d'un manche flexible, de même le système dont il est question est garni de marteaux flexibles destinés à produire un effet parfaitement identique au travail à la main. Ces marteaux mobiles, animés d'une certaine vitesse, frappent à la volée les produits introduits par la trémie ; la matière est d'abord brisée en morceaux quelconques du premier choc et projetée du même coup sur le plafond du broyeur qui

Fig. 20. — Broyeur Weidknecht-Schoeller.

est muni d'un parachoc en métal de grande dureté ; il rencontre également le produit déversé d'où un nouveau concassage sans absorption de force, puisqu'il est le résultat de la projection ; les matières retombent sur les -marteaux et sont entraînées sur les grilles en acier qui forment tamis, où le cycle d'air fait le tamisage par les-

dites grilles qui laissent échapper tout ce qui est à la finesse déterminée par l'écartement du tamis, puis les
marteaux, agissant comme autant de pelles, enlèvent la
matière qui n'a pas atteint la trituration voulue et le travail se continue jusqu'à complet achèvement. Cette opération donne, du même coup, un mélange intime, même
lorsqu'il s'agit de traiter plusieurs produits de densité
différente, ce travail est constant et le dégagement est
instantané.

Grâce à la mobilité des marteaux, si une résistance trop
grande vient à se présenter, ils cèdent, c'est-à-dire os-
cillent simplement sur leur axe, ce qui évite absolument
toute chance de rupture. Il est à noter que les marteaux
ne frappent sur aucun des organes du broyeur. Ce mode
d'action procure, entre autres avantages, celui de réduire,
lorsqu'il y a lieu et pour certains produits, le déchet en
poussier à son minimum absolu, ce qui est précieux
dans certains cas, ou bien l'inverse ; c'est-à-dire, n'obtenir que de la poudre. En raison de la mobilité des marteaux, ces appareils n'exigent que peu de force motrice,
comparée à la grande production, les marteaux faisant
office de volant.

Par suite de la disposition des organes, on obtient facilement la grosseur que l'on désire, les matières à broyer
ne pouvant sortir de l'appareil que par les grilles préalablement posées à cet effet. Il est donc aisé de comprendre
quels services ces appareils peuvent rendre pour le concassage, la granulation et la pulvérisation de tous les
produits en général. On voit donc, en résumé, que ces
appareils ont de sérieux avantages sur tous les moulins
broyeurs employés jusqu'à présent, auxquels on peut re-

prôcher d'être encombrants, lourds, d'une installation coûteuse, produisant relativement peu, tout en absorbant une force motrice très grande, et qui s'empâtent le plus souvent, lorsque le produit est légèrement humide : — lorsqu'il s'agit de meules verticales, par exemple, le produit arrivé à une certaine finesse fait matelas dans la cuvette et la meule roule indéfiniment sur le produit qui chasse devant et ne s'écrase plus. Pour tous ces appareils, il faut presque toujours tamiser, ce qui nécessite ou un surcroît de personnel ou des organes auxiliaires ; avec les broyeurs Weidknecht-Schœller, l'installation est nulle ; il n'est besoin d'aucune fondation spéciale ; l'appareil une fois de niveau se fixe à l'endroit désigné sur traverses ou plancher, par boulons ou tirefonds. Enfin, l'emplacement est des plus restreints : 2 m. $\times$ 2 m. pour la moyenne des types.

Concasseurs à mâchoires et concasseurs-granulateurs. — Les concasseurs à mâchoires présentent l'avantage d'une grande élasticité d'emploi, tant au point de vue de la dureté des matières que de leur grosseur initiale. Les organes travaillants sont des plaques en fonte durcie, coulées en coquilles, dentées ou lisses, et dites *mâchoires*, dont l'une est fixe et l'autre animée d'un mouvement d'oscillation autour de son axe. L'écartement entre ces mâchoires étant réglable à volonté, il en résulte que la grosseur des fragments concassés peut varier de 25 à 27 millimètres avec une proportion de grains dépendant évidemment du plus ou moins de dureté ou de friabilité de la matière.

Le *concasseur-granulateur Blacke,* étudié par M. Morel constructeur à Domène (Isère), est un appareil qui permet de réduire, en une seule opération, de gros morceaux en grains de 8 à 30 millimètres au plus. Il comporte, en plus des mâchoires à écartement variable, deux cylindres broyeurs dont l'écartement peut être également réglé à volonté. Sa forme est robuste et ramassée ; il est pourvu d'une transmission par poulies ; la puissance absorbée varie entre 2 et 4 chevaux, suivant la nature du

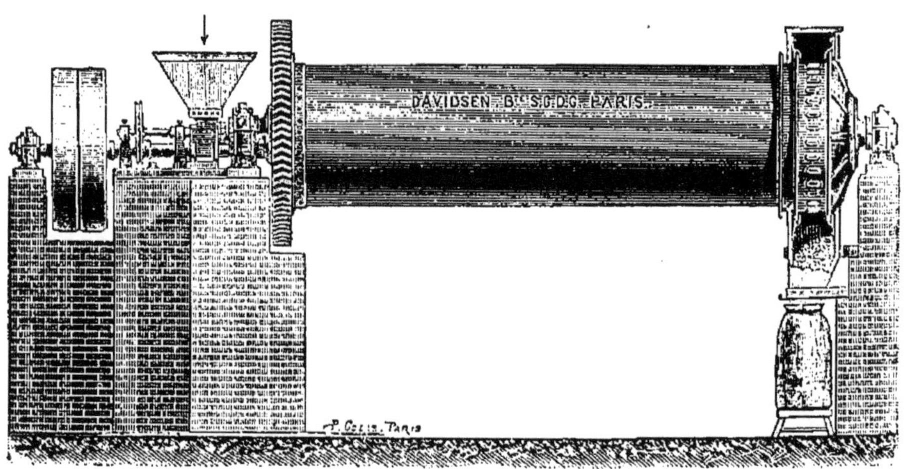

Fig. 21. — Tube broyeur Davidsen « ou Dana ».

produit à broyer. À l'écartement de 50 millimètres, un appareil dépensant 13 chevaux vapeur peut produire de 10 à 12 tonnes à l'heure.

Tube-broyeur Davidsen ou « Dana ». — Le procédé de broyage qui a fourni les résultats les plus avantageux est celui dit du *bi-broyage*, dont nous avons déjà parlé. Ce procédé, basé sur l'emploi du *tube-broyeur Davidsen*, inventé par l'ingénieur de ce nom, est justement apprécié aujourd'hui dans le monde entier et a reçu de très nombreuses applications.

Le Tube-Broyeur Dana consiste en un tube ou un

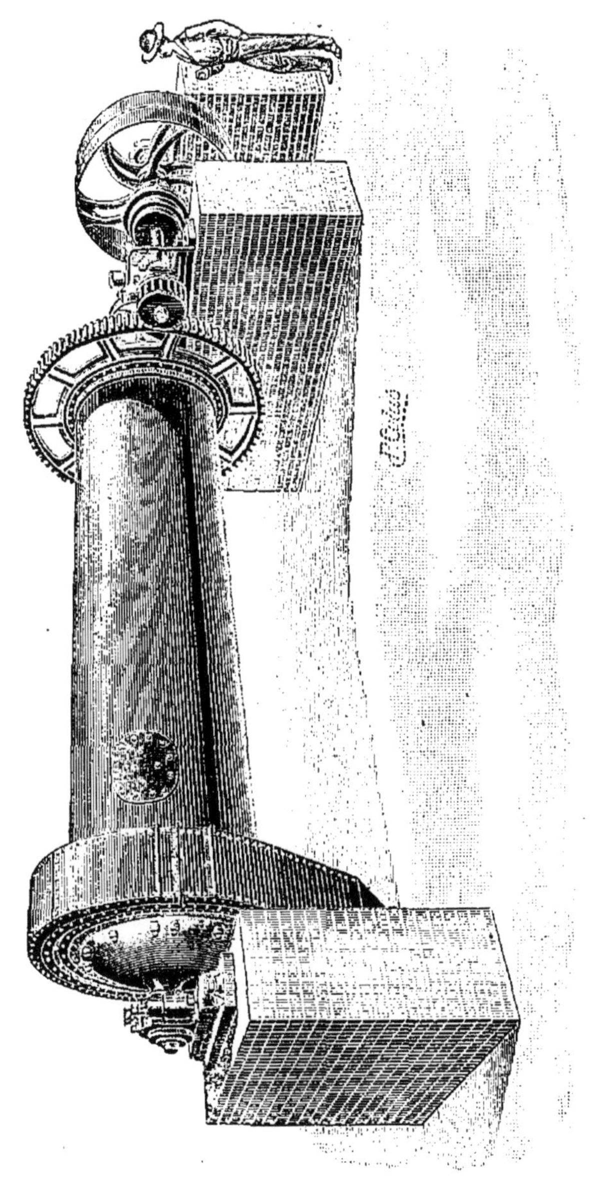

Fig. 22. — Vue perspective d'un tube « Dana ».

long cylindre posé horizontalement sur des tourillons,
de manière à pouvoir tourner autour de son axe. Ce

tube est rempli en partie de petites billes de pierre qui effectuent le broyage et le mélange pendant la rotation.

Le fonctionnement de l'appareil est le suivant :

Les matières à broyer — préalablement réduites en petits grains — sont introduites dans le tube broyeur par le centre de l'un des fonds, et cela à l'aide d'un alimentateur automatique.

Pendant la rotation du tube, les substances, par leur gravité, avancent graduellement vers l'autre bout du tube, et, après avoir ainsi parcouru tout le tube et avoir été exposées au travail broyant de toutes les billes, elles quittent enfin le tube par de petites ouvertures placées sur la circonférence du fond. La matière n'est donc pas seulement écrasée par les boulets dans le plan de rotation, mais aussi — à cause de son avancement — dans le sens de l'axe du tube, ce qui accroît beaucoup le travail des boulets et facilite le mélange.

Comme le tube est posé horizontalement, les billes se trouvent réparties uniformément, et la couche qu'elles forment a la même épaisseur d'un bout à l'autre du tube. La matière, au contraire, épouse la forme d'un plan incliné dont la plus grande hauteur se trouve vers l'introduction et qui diminue graduellement jusqu'à la sortie, et cela parce que la matière entre par le centre et sort par la circonférence, ayant ainsi une différence de niveau égale au rayon du tube. Il s'ensuit que, graduellement, à mesure que la matière avance et devient plus broyée, elle forme une couche plus mince : comme la couche de billes reste uniforme, la proportion entre la matière et la quantité de billes qui la travaillent augmente donc graduellement avec l'avancement et la

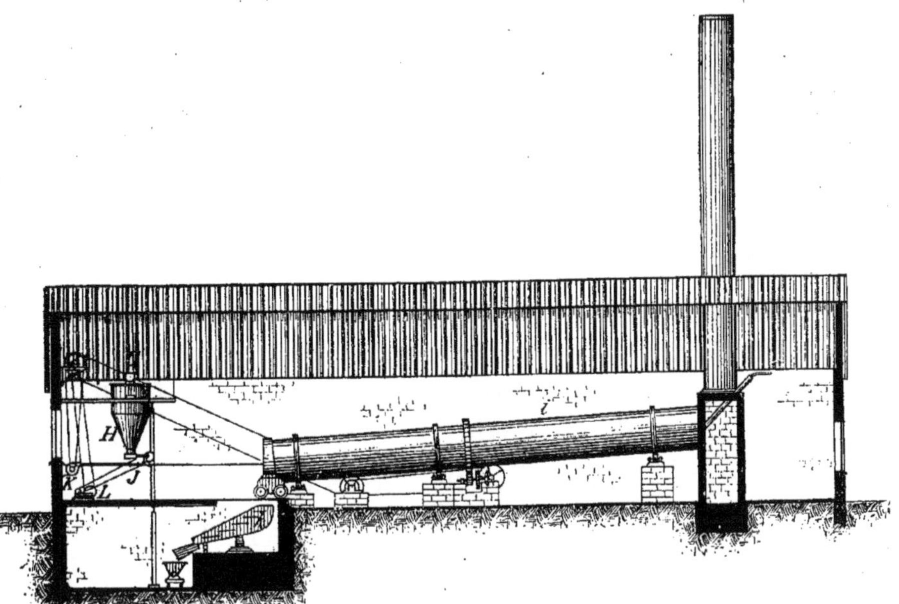

Fig. 23. — Four rotatif Smidth et Cie.

finesse de la matière. Ce sont là les conditions que les essais avaient révélées comme les plus rationnelles pour le broyage : le travail du tube broyeur est donc en complète concordance avec elles.

Les ouvertures de sortie peuvent être munies d'une enveloppe, empêchant toute poussière de se répandre dans les salles. La partie inférieure de l'enveloppe peut être aménagée pour faire tomber la poudre fine directement dans les sacs ou barils.

L'intérieur du tube est protégé contre l'usure par une garniture spéciale très dure fixée par un mastic spécial : Ciment « Diamant » ou par des boulons.

Pour régler la finesse du broyage, on a simplement à alimenter le tube plus ou moins fort ; plus on le charge, plus grossier est le produit fini et réciproquement.

Broyeur Moustier. — Le broyeur Moustier est essentiellement constitué par trois palettes tournant librement à l'intérieur d'une chambre close. Les matières introduites par la trémie, en morceaux pouvant atteindre 15-20 centimètres, sont reçues sur les palettes supérieures dites *palettes de projection*, et subissent un premier concassage. La palette inférieure, ou *palette de relevage*, reprend les fragments pour les rejeter dans l'aire d'action des palettes supérieures et ainsi de suite jusqu'à complète pulvérisation. L'évacuation se fait automatiquement par une issue béante pratiquée à la base de l'appareil, de façon à rendre tout engorgement impossible. A leur sortie, les produits du broyage peuvent être tamisés au besoin et le refus ramené dans la chambre de broyage par une tubulure. Les palettes sont montées sur trois arbres commandés par une même courroie. Elles sont munies de batteurs en métal spécial d'une grande dureté.

Fig. 24. — Broyeur Moustier de Négrel-Martini.

Dans cet appareil, le broyage est produit par le choc incessant que subissent les matières projetées violemment les unes contre les autres par les palettes de projection et accessoirement par celui qu'elles reçoivent des batteurs. C'est dans cette utilisation de la matière elle-même comme instrument de broyage que consiste le principe nouveau réalisé par le Moustier. On obtient ainsi le maximum de rendement pour une usure très faible des organes.

Le Moustier broie toutes les argiles, quel que soit leur degré d'humidité ou leur plasticité, et, par suite de l'action des palettes, les homogénise d'une façon parfaite. A cet avantage considérable, il convient d'ajouter la suppression du séchage préalable et l'admission dans la fabrication des argiles réputées mauvaises, *qui ne fendillent plus*. Appliqué d'abord à l'étranger, cet appareil, d'invention récente, a été introduit dans quelques briqueteries importantes du midi de la France. Des attestations publiées par les constructeurs, il résulte que son rendement moyen, pour des argiles contenant de 20 à 30 pour cent d'eau, et de 8 à 10 mètres cubes à la finesse du tamis numéro 4, est pour les argiles demi-sèches de 3 à 4 mètres cubes à la finesse du tamis 30/40.

Tous les avantages signalés ci-dessus se retrouvent dans le broyage du verre de toute nature. Le rendement moyen est de 4 à 5.000 kilos à l'heure à la finesse numéro 50, et la dépense de force pour ces différentes matières varie de 12 à 15 chevaux.

Broyeur Griffin. — Le pulvérisateur « Griffin » est basé sur un principe qui n'a sans doute jamais été employé auparavant pour le broyage; il utilise le choc d'un galet contre une bague ou un dé. Dans les systèmes plus anciens, le galet ou la meule était animé d'un mouvement circulaire communiqué par un moteur ou bien par des tourillons. Mais, dans ce cas, le frottement.

et par suite l'usure des organes moteurs et des tourillons
était considérable ; il en résultait une perte de force

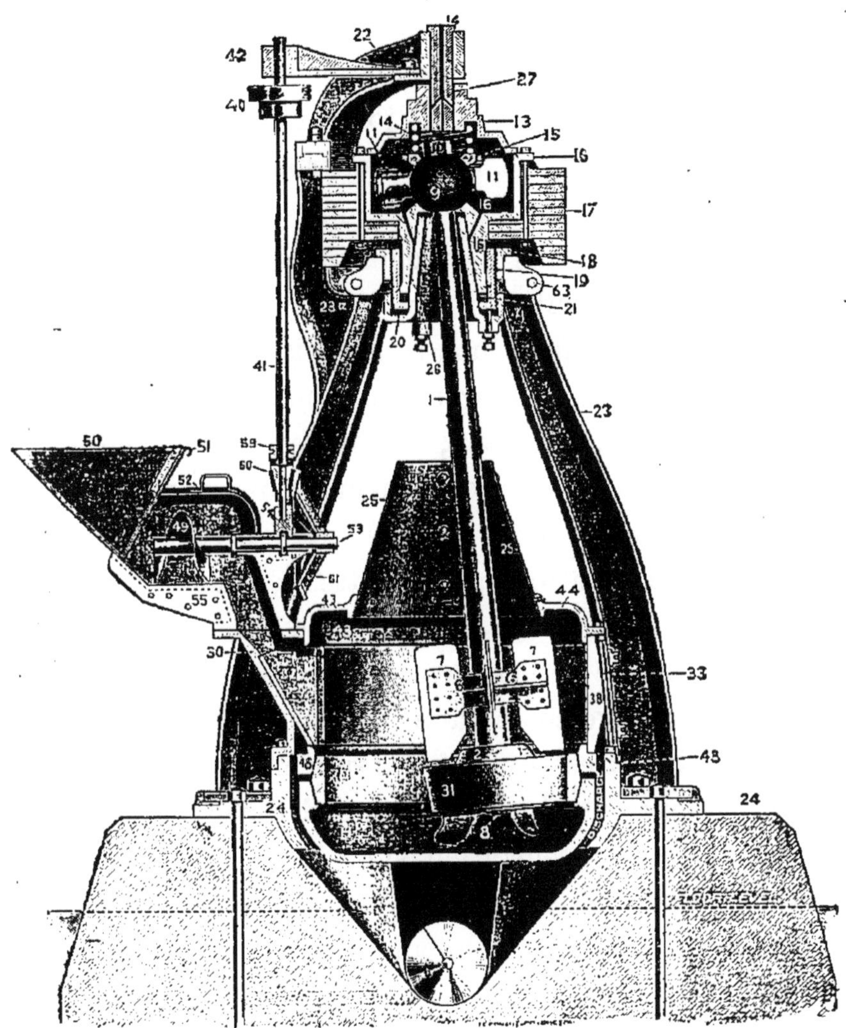

Fig. 25. — Moulin Griffin.

importante, les frais d'entretien étaient énormes et l'o-
pération en elle-même coûteuse.

Le moulin Griffin évite au contraire ces difficultés

par l'emploi d'un mouvement mécanique permettant de supprimer ces nombreux arbres et tourillons en contact continuel avec la matière à broyer. Il en résulte une réduction considérable des frais d'entretien et de fabrication, et en même temps une augmentation de la production, comparativement à la force motrice employée.

D'après ce qui précède, le moulin Griffin convient tout aussi bien pour le broyage à sec que pour la pulvérisation sous l'eau. Dans le premier cas, la matière qui traverse le tamis tombe par des canaux ménagés à l'extérieur de la bague dans une trémie disposée dans le sol d'où elle est enlevée au moyen d'un appareil de transport quelconque. Si, au contraire, on pulvérise une matière humide, l'eau est introduite en même temps que celle-ci. Le galet imprime à l'eau et à la matière à broyer un mouvement de rotation qui projette la boue contre le tamis de manière à en utiliser toute la surface et à faciliter le passage de l'eau avec la matière suffisamment fine. Celle-ci traverse le tamis, se rassemble dans une auge annulaire et est évacuée latéralement pour passer ensuite par exemple sur les plaques d'almagamation ou sur une table de concentration, si on le désire.

Dans le cas du broyage à sec aussi bien que dans celui de la trituration à l'eau, le moulin donne un produit fini en grains brisés et non pas usés par le frottement comme c'est le cas pour les moulins à meules horizontales. Aussi le pulvérisateur Griffin peut-il être particulièrement recommandé pour le broyage du ciment et des autres matériaux artificiels.

Concasseur et brise-mottes mélangeur de Renou frères. — Cette machine présente un réel intérêt pour les indus-

Fig. 26. — Concasseur brise-mottes mélangeur de Renou frères.

tries de l'argile, et c'est pourquoi nous la décrirons succinctement ici.

Jusqu'à présent, les fabricants de produits céramiques, et particulièrement les tuiliers et les briquetiers qui ont à traiter des argiles grossières, n'ont eu à leur disposition aucun appareil réellement pratique et à grand rendement pouvant opérer un premier broyage des terres sortant de la carrière. Celles-ci arrivent à l'usine sous toutes les formes et avec des proportions d'humidité très variables, enfin en fragments de toutes dimensions. Il est donc indispensable qu'un premier broyage puisse être opéré à l'aide d'un appareil simple, robuste et à grand débit, quel que soit l'état de la matière, qu'elle soit sèche, humide ou mouillée.

Les broyeurs en usage jusqu'à ces derniers temps ne sont pas sans présenter de sérieux inconvénients quand ils ont pour organe principal des cylindres unis ou cannelés. Les terres humides ne se travaillent que très difficilement, et il en résulte des pertes de temps et quelquefois même des accidents. Pour obliger ces terres à s'engager entre les cylindres, on est obligé de mettre un ouvrier, armé d'un bourroir ferré, près de la machine, cet ouvrier ayant pour occupation de briser les mottes trop compactes ou trop volumineuses et les forcer à passer dans la trémie.

On conçoit immédiatement combien est défectueuse une pareille manière de travailler ; c'est pour parer aux inconvénients que nous venons d'indiquer que MM. Renou frères ont combiné un modèle de *brise-mottes mélangeur*, que représente notre gravure, et qui procure une économie de plus de 60 % sur la force motrice, tout en

donnant un rendement trois ou quatre fois plus grand
que les broyeurs à cylindres ordinaires.

Cet appareil simple et robuste prend indistinctement
toutes les argiles *sèches, humides* ou *très mouillées*, faisant un bon mélange tout en broyant parfaitement ces
dernières. Le chargement dans la trémie n'influe en rien
sur le broyeur ; qu'il soit fait à la pelle, par amenage
par toile ou plus simplement en vidant le wagonnet,
peu importe, l'appareil ne s'engorge pas, ce qui est un
avantage. Son résidu est des meilleurs pour la mise en
fosse ou en silos ; le trempage s'effectue plus rapidement
à cause de la forme de ces résidus qui ne sont pas en
lames mais en menus fragments.

Par son rendement considérable, il supplée au travail
de deux ou trois outils, cylindres unis ou autres. Aussi
a-t-il été bien accueilli dans les principales tuileries du
Centre, où les argiles sont très grasses et très mauvaises
à travailler, surtout lorsqu'elles sont tirées par bancs,
et sortent de carrière en grosses mottes. Ce rendement,
quelle que soit la nature des argiles à traiter, n'est pas
inférieur à 40 mètres cubes par jour avec le type le plus
faible. Il atteint 60 et 70 mètres cubes avec le modèle
n° 1. Encore ces chiffres ne sont-ils qu'approximatifs et
plutôt minimum, car toutes les tuileries qui ont adopté
ce genre d'appareils ont obtenu des résultats supérieurs
à ceux annoncés.

Le modèle représenté par notre fig. emploie une puissance motrice de 5 chevaux : sa supériorité est démon-
trée par plusieurs années d'applications ; il a constamment donné les meilleurs résultats aux industriels qui
en ont fait usage, aussi en conseillerons-nous l'emploi dans

toutes les circonstances où il est besoin d'obtenir économiquement une fragmentation et un mélange rapide des blocs de terre arrivant de la carrière.

Moulins broyeurs à meules verticales. — Ces moulins s'emploient pour la préparation des matières dures, le poids des meules pouvant atteindre 4000 kilogrammes, comme aussi pour le broyage des matières tendres qui peuvent être réduites, en une seule opération à l'état de farine ou de poudre. Les systèmes de moulins de ce genre les plus renommés sont ceux construits par MM. Jannot de Triel (fig. 27). Ils se composent de une ou de deux meules verticales tournant sur un plateau circulaire

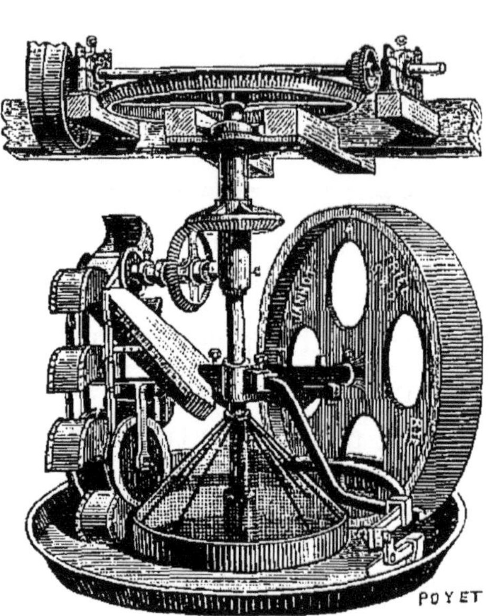

Fig. 27. — Moulin à meule verticale avec noria de H. Jannot de Triel.

autour d'un autre arbre et en même temps autour de leur axe horizontal, de manière à obtenir simultanément un frottement et un écrasement de la matière traitée. Les axes horizontaux des deux meules sont indépendants l'un de l'autre et reliés chacun à l'arbre vertical par l'intermédiaire d'une manivelle articulée ; les meules peuvent ainsi se soulever et s'abaisser indépendamment l'une de l'autre, et chacune d'elles repose toujours sur toute sa largeur sur le chemin de roulement. Des plaques inclinées ramassent et amènent constamment la matière devant chacune des meules et, à la fin de l'opération, une charrue d'expulsion à contre-poids permet de pousser la poudre vers l'orifice de sortie.

La piste est constituée par une simple cuve en fonte pour les produits de dureté moyenne. Les meules sont formées d'un noyau en fonte cerclé d'un bandage en acier fixé à l'aide de coins en bois dur pour permettre son remplacement après usure. On fait également ces meules en granit et on les commande, soit par la partie infé-rieure, soit par la partie supérieure pour les types de grandes dimensions.

Dans le *moulin à ramasseur*, le broyage est opéré par une ou deux meules roulant sur une piste autour d'un arbre vertical ; le manchon d'entraînement des meules porte en même temps l'axe du ramasseur. Celui-ci par-court le même chemin que les meules et est animé d'un mouvement de rotation autour de son axe par une cou-ronne d'alluchons se développant sur une couronne ana-logue disposée horizontalement. La matière prise par le ramasseur est déversée sur un tamis central garni de la toile correspondante à la finesse à obtenir et muni d'un appareil de secouage automatique. Les grains insuffi-samment broyés retombent dans le bassin et subissent à nouveau l'action des meules ; une charrue les ramène con-stamment devant celles-ci.

Ces moulins présentent sur les systèmes à meules ordi-naires le grand avantage d'effectuer en une seule opéra-tion le broyage et le tamisage de la matière traitée. Ils s'installent, soit sur un socle en maçonnerie, soit sur un plancher ou sur une voûte.

Le poids des meules dépend de la nature des produits à écraser. Elles peuvent recevoir le cas échéant un remplissage en maçonnerie pour augmenter leur poids. Il est

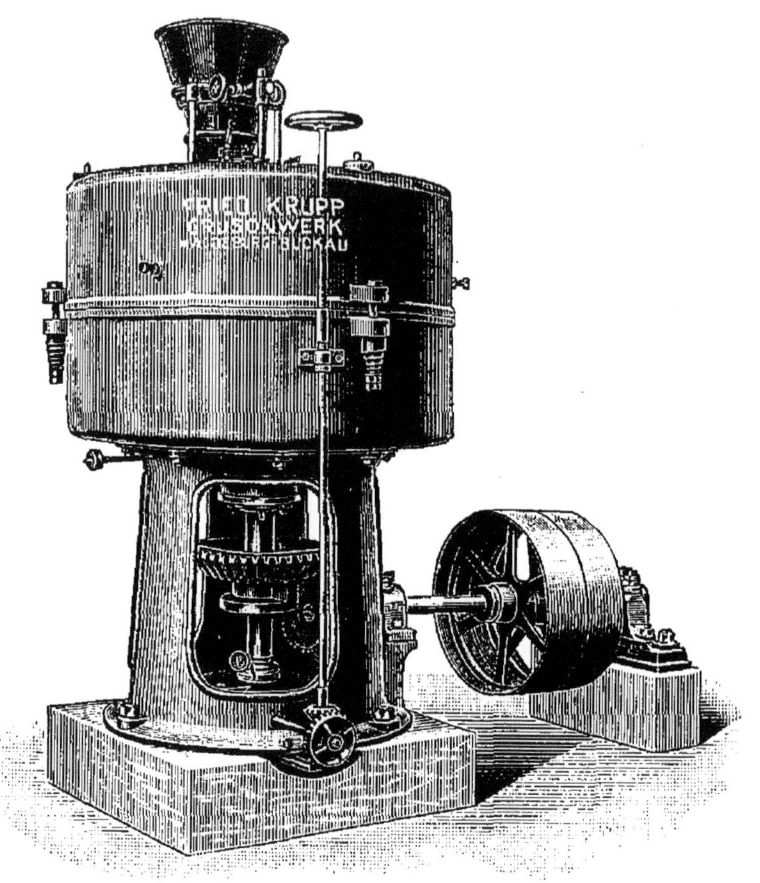

Fig. 28. — Moulin à meules dormantes supérieures, de Fried_Krupp de Grusonwerk.

bon, dans certaines circonstances, de munir les meules de bandages en acier dur et le bassin d'une piste en même métal; ces pièces présentent alors une très grande résistance à l'usure et sont d'un remplacement plus facile.

Moulins à noix. — Pour pulvériser le plâtre, on se sert

de moulins dont la partie travaillante se compose d'un cône cannelé appelé *noix*, tournant dans une enveloppe cannelée en sens inverse appelée *boisseau*. Ces deux pièces sont fabriquées en fonte dure coulée en coquille ; dans les modèles de grandes dimensions elles se font en deux pièces, de manière à permettre le remplacement facile de la partie inférieure qui, pourvue de cannelures plus fines, s'use plus rapidement. La commande s'effectue par le haut au moyen d'engrenages d'angle ; on règle la finesse du produit en agissant sur un petit volant qui rapproche plus ou moins la noix du boisseau.

Nous arrêterons ici nos descriptions des divers systèmes broyeurs employés pour la préparation des matériaux de construction et la pulvérisation des chaux et des produits entrant dans la composition des ciments, bétons et pierres artificielles.

Machines à préparer les terres.

Le matériel mécanique nécessaire pour fabriquer les poteries diverses en usage pour le bâtiment : briques, tuiles, carreaux, etc., a été très perfectionné depuis un quart de siècle, et l'Exposition universelle de 1900 nous a montré de nombreux spécimens de machines établies pour le travail rapide des argiles et la production mécanique de poteries de forme très variable. Nous examinerons ici les modèles combinés par divers spécialistes pour l'exécution de ces pièces.

Machines Pinette de Châlon-sur-Saône. — Il faut plusieurs opérations successives pour transformer la terre arrivant de la carrière en tuiles ou en briques prêtes à être soumises à la cuisson. Ces diverses manipulations s'effectuaient auparavant à la main, mais on est parvenu à les exécuter mécaniquement, ce qui a permis de réaliser une très grande économie, et en même temps d'augmenter la production.

Les terres arrivant de l'argilière doivent être d'abord passées dans une *tailleuse de terres* ayant pour but de réduire la masse compacte en petites lames minces, de façon qu'une fois mise en fosse ou en tas, l'eau puisse désagréger la terre, ce qui n'aurait pas lieu avec des blocs de trop grande dimension.

En sortant de cette machine, les terres sont mises en dépôt soit dans des fosses, soit simplement en tas ; dans un cas comme dans l'autre, elles sont étendues par couches minces et arrosées à chaque couche ; de cette façon elles prennent bien l'eau et dans certains cas on peut les malaxer directement au sortir de ces dépôts car elles sont déjà désagrégées et bien homogènes.

Lorsque les terres contiennent des corps étrangers qu'il est nécessaire d'écraser, on les cylindre encore avant de les jeter dans le malaxeur et cette opération doit être plus ou moins énergique, suivant la quantité de corps étrangers à broyer.

Après avoir malaxé les terres molles pour achever d'en faire une pâte homogène et régulière, il s'agit d'en faire des galettes, ce qui peut se faire en munissant la sortie du malaxeur d'une filière de dimensions convenables ; il est plus difficile de les couper et de les enlever que sur le tablier de la machine horizontale à étirer, et presque toujours elles sont moins bien formées. Il vaut donc mieux prendre les terres du malaxeur pour les étirer avec une machine spéciale. On a ainsi, outre la faculté de construire la brique pleine et creuse, la tuile, les hourdis, les tuyaux-drains, etc.

A leur arrivée dans la trémie de la machine à étirer, les terres sont prises par des couteaux et palettes qui les malaxent à nouveau dans une cuve cylindrique horizontale ; une hélice les propulse ensuite dans la partie conique de cette même cuve, et finalement elles sortent en une longue bande par la filière fixée à l'extrémité. Lorsqu'il s'agit de galettes pour tuiles de 13 au mètre carré, la production de la machine est suffisante pour alimenter trois et, au besoin, quatre presses à cinq pans.

La qualité des produits obtenus avec les machines imprimant aux terres une poussée uniforme ne laisse rien à désirer ; ils sont également comprimés dans toutes leurs parties, et cela permet d'éviter de nombreux déchets lors de la cuisson.

Machines à travailler les terres de M. Chambrette-Bellon.
M. Chambrette-Bellon, mécanicien à Bèze (Côte-d'Or) a établi également tout un outillage très bien combiné pour la préparation des terres à briques. Nous représentons quelques-unes de ces machines, notamment un broyeur à deux cylindres pour affiner les terres, en régulariser les molécules et broyer les corps étrangers qu'elles peuvent contenir. Placé devant un malaxeur, ce broyeur lui prépare la terre et facilite le mélange.

La machine, fig. 29, comporte deux ou quatre cylindres, unis ou cannelés, qui broient et malaxent les terres employées dans la fabrication des briques, tuiles et carreaux.

Fig. 29. — Machine à préparer les terres de Chambrette-Bellon et Brandt.

Fig. 30. — Broyeur de terres de Chambrette-Bellon.

Sa production journalière est de 15 à 20 mètres cubes de terre avec une dépense de force atteignant de 4 à 5 chevaux.

Mélangeurs et malaxeurs.

Le système de malaxeurs le plus simple, pour la préparation des mortiers est celui dû à Bernard et qui consiste en un récipient cylindrique en tôle, de 1^m,10 de diamètre environ et 1^m,50 de haut et portant à sa partie inférieure une ouverture qui se ferme à volonté au moyen d'une porte à coulisse. A différentes hauteurs dans l'intérieur sont fixés des croisillons en fonte, tranchants et armés de dents de fer. Un arbre vertical, placé dans l'axe du tonneau, porte trois croisillons armés de dents se croisant avec les premières. Dans le modèle de Roger, le mortier s'écoule, non seulement par une porte latérale, mais aussi par des ouvertures pratiquées dans le fond du tonneau. Une locomobile de la force nominale de 4 chevaux peut manœuvrer deux tonneaux fabriquant par jour chacun 30 mètres cubes de mortier.

L'appareil Greveldinger exige que la chaux soit éteinte en poudre, et s'emploie pour les mortiers de ciment à prise lente, parfois pour ceux à prise rapide, mais surtout pour fabriquer de grandes quantités de mortier. Cet appareil est formé d'une trémie ou entonnoir en bois ou en tôle, dans laquelle on jette à la pelle le mélange. Un distributeur à axe vertical, qui se meut sur le fond horizontal de la trémie, fait d'une manière continue passer la matière par une ouverture latérale réglée par une vanne, d'où elle tombe à l'extrémité d'une auge horizontale en bois ou en tôle dans laquelle se meut une vis d'Archimède de (1^m,55 de long et 0^m,17 de diamètre à l'extrémité des spires), dont les quatorze spires sont

Fig. 31. — Malaxeur.

formées par une feuille de tôle. Au-dessus de la même extrémité de l'auge est disposé un tube en fer percé de petits trous, et destiné à distribuer, à la manière d'un arrosoir, l'eau nécessaire à la fabrication du mortier. La vis, en tournant, oblige la matière à suivre ses spires, et l'amène à l'autre extrémité de l'auge d'où elle tombe réduite en mortier. Deux poulies, dont l'une est folle, sont montées sur l'axe de la vis, et servent, à l'aide d'une courroie, à lui transmettre le mouvement d'une machine

Fig. 32. — Laminoirs pour la préparation des argiles à briques, de **Jäger.**

locomobile de la force de 1/2 cheval. Un pignon conique, monté également sur l'axe de la vis, engrène avec une petite roue conique, d'un diamètre à peu près double, monté sur l'axe du distributeur, qui reçoit ainsi son mouvement (fig. 31).

M. Chambrette-Bellon a établi un type de malaxeur spécialement destiné à la fabrication des galettes à tuiles. Cet appareil peut également fabriquer la brique ordi-

naire en lui ajoutant, comme l'a fait M. Jäger, une paire
de cylindres lamineurs (fig. 32). Ce dernier comporte

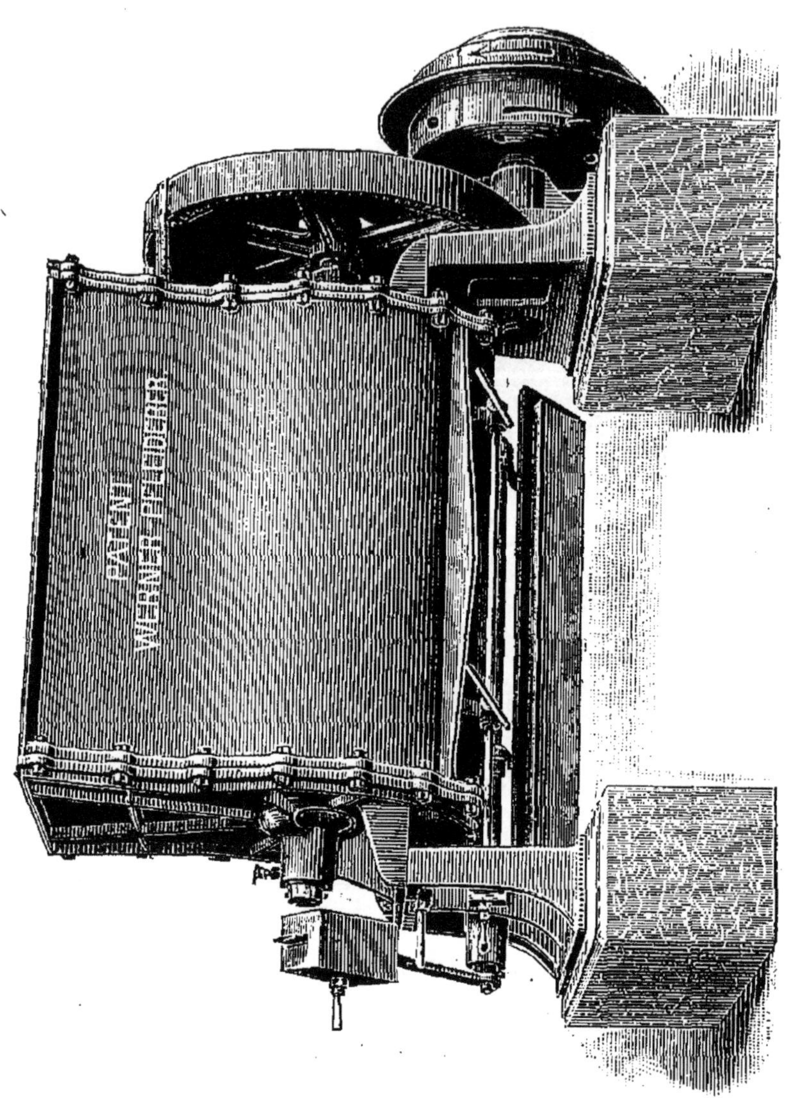

Fig. 33. — Malaxeurs pour traitement des ciments de Werner et Pfleiderer.

une double cuve et deux sorties pour les matières tra-
vaillées et constitue un outil très utile pour la préparation des galettes en terre demi-dure.

MM. Rieter et Koller, constructeurs à Emmishofen et à Constance, ont étudié toute une série de machines pour la préparation des terres et la fabrication des briques et tuiles. Ces machines fonctionnent à bras et permettent d'obtenir à bon compte tous les produits de ce genre. Nous décrirons plus loin quelques-uns de leurs modèles.

Nous devons une mention particulière au très original système de *pétrisseur-mélangeur* (fig. 33), créé par MM. Werner et Pfleiderer, et qui peut s'appliquer aux divers besoins de l'industrie céramique.

Dans le type spécialement destiné à la préparation du ciment et au traitement des argiles, du sable et des terres réfractaires, l'organe principal est constitué par une ou deux palettes de forme particulière, tournant à l'intérieur d'une auge métallique. La matière se trouve brassée, divisée et pétrie par le mouvement de ces palettes. Suivant le cas, l'auge est composée d'une double enveloppe autour de laquelle circule de la vapeur, et la commande des palettes est pourvue d'un embrayage et d'un débrayage automatiques.

Citons encore, parmi les modèles intéressants de malaxeurs, ceux de la maison Pinette, dont il existe trois grandeurs, avec commande supérieure par deux trains d'engrenages, l'un droit et l'autre conique, les *auges malaxeuses* de Lobin, d'Aix, et les malaxeuses de poudres de Carton de Tournai, très utiles pour la préparation des ciments.

Machines à mouler les briques.

La maison Boulet de Paris s'est fait une spécialité de l'étude des machines pour la fabrication des briques et des diverses poteries de bâtiment. Notre fig. 34

Fig. 34. — Mouleuse à briques Boulet.

montre l'aspect d'un modèle à une seule hélice pour travailler les terres demi-fermes, dans lequel on trouve une paire de cylindres unis, de 40 centimètres, un malaxeur horizontal, une filière et un chariot découpeur. La production de cette machine est de 1000 à 1200 briques pleines ou creuses à l'heure avec une dépense de force motrice de 6 à 10 chevaux. Son poids atteint trois tonnes et la poulie de commande fait 150 tours par minute.

Le choix des machines à mouler les briques, de même

que celui des machines à préparer les terres, ne dépend
pas seulement des propriétés de ces terres, mais aussi de
la nature, du nombre et des dimensions des produits à
obtenir. Les combinaisons sont donc presque infinies,
mais, de toute manière, l'organe essentiel est toujours un
arbre porte-palettes ayant pour effet de brasser et ma-

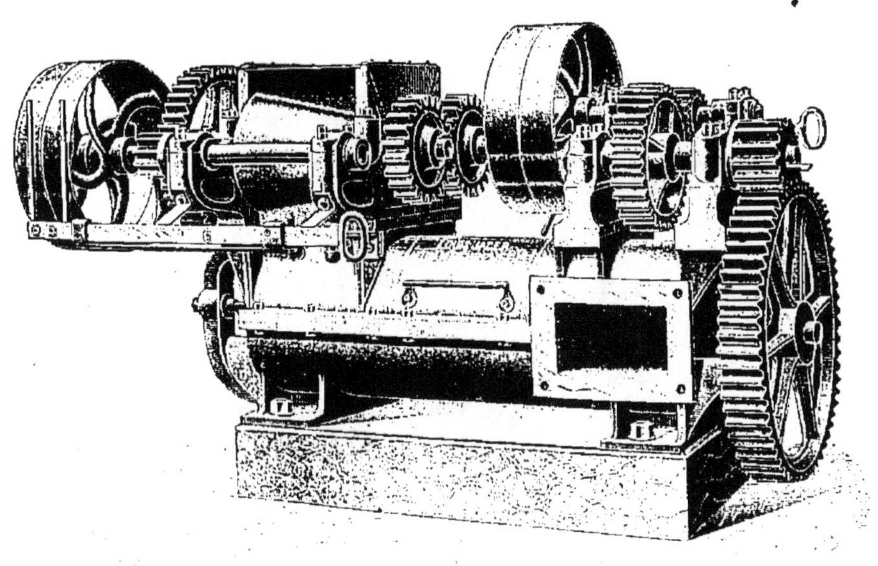

Fig. 35. — Machine à broyer et laminer les terres, de Jäger.

laxer la terre, préalablement débarrassée de toutes ses
impuretés, avant de la chasser à travers une filière de
forme appropriée jusque sur une table où les briques
ou les poteries sont débitées à leur longueur réglemen-
taire.

La fig. 35 représente un type de Jäger destiné à
travailler les terres douces, bien nettoyées et préalablement humectées et corroyées. Quand ces terres ont été
hivernées, le débit de la machine augmente, tandis que

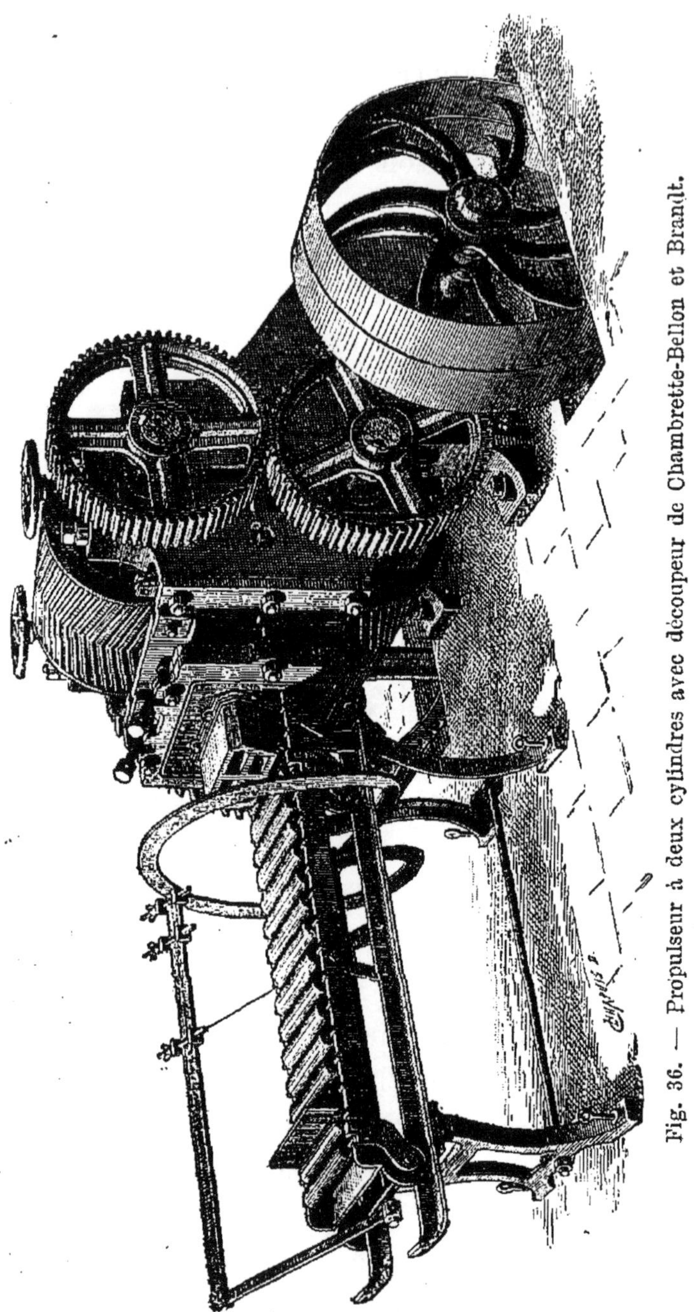

Fig. 36. — Propulseur à deux cylindres avec découpeur de Chambrette-Bellon et Brandt.

sa dépense de force motrice diminue. L'ensemble de cet

appareil est robuste, et ses organes intérieurs sont d'un accès facile. Il comporte deux orifices de sortie pouvant desservir deux appareils découpeurs.

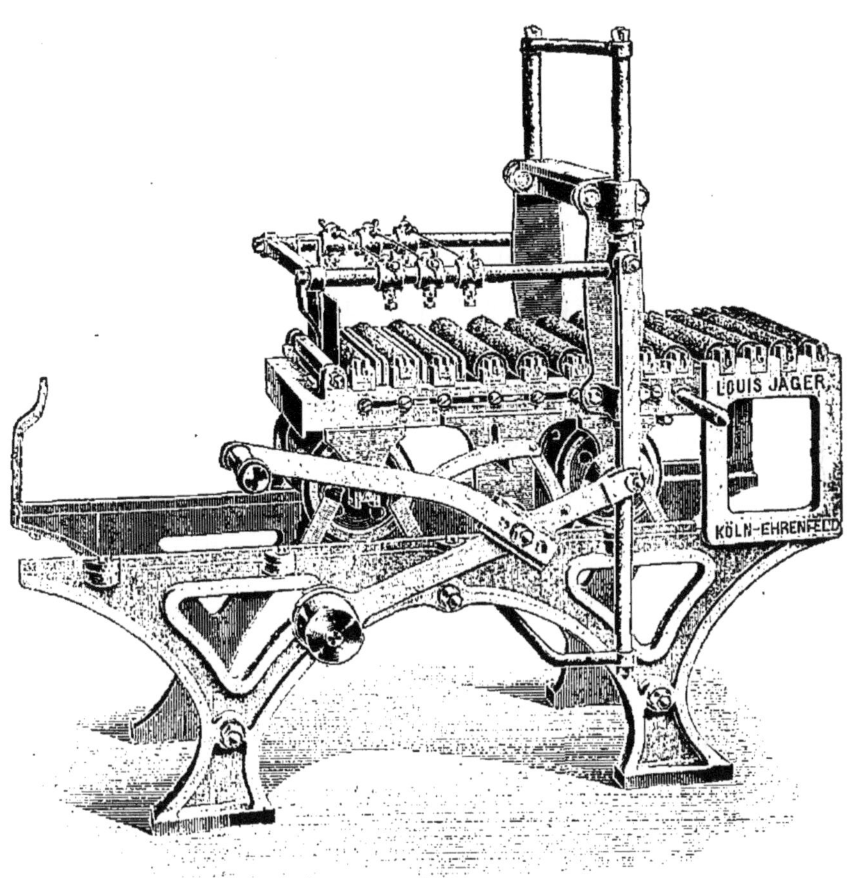

Fig. 37. — Appareil découpeur de Jäger.

La machine, système Rieter et Koller, peut être actionnée par manège ou par un petit moteur de 2 chevaux. Elle peut servir à la fabrication de briques pleines, creuses ou perforées, de carreaux, tuiles, tuyaux de drainage, etc. Sa production par journée de 12 heures atteint

2.500 à 3.000 briques de 240 × 115 × 65 millimètres ou 2000 ou 2500 tuiles. Le diamètre intérieur du cylindre des hélices est de 225 millimètres, les hélices, en fonte grise, sont au nombre de trois, le cylindre est surmonté d'une trémie d'introduction de la terre, et le poids total de la machine est de 400 kilogrammes.

Il existe de nombreux modèles d'appareils à découper les terres à la sortie de la machine à mouler. Nous en représentons un (fig. 36) dû, à M. Chambrette-Bellou, comportant deux cylindres propulseurs de 450 millimètres de diamètre, pouvant produire 1.200 briques à l'heure en dépensant 2 à 3 chevaux-vapeur.

La fig. 37 est un type récent dû à M. Jäger, dans lequel le découpage, au lieu de s'opérer suivant des lignes droites parallèles, comme dans la plupart des autres systèmes, peut, suivant la position des fils, découper en biais sous des angles très divers. On peut aussi obtenir des briques en coins de tous genres, en particulier celles unies ou à moulures employées pour le parement des arcs des fenêtres ou portes.

Les briques sont fréquemment moulées à la main, bien qu'il soit incomparablement plus rapide et économique de recourir aux machines qui viennent d'être décrites. Nous devons dire un mot d'un outil très simple, dû à M. Th. Dupuy fils, et qui permet d'arriver à une production intensive, par un simple fonctionnement à bras.

Avec cet appareil, on moule la terre presque entièrement sèche, souvent sèche : son humidité naturelle est suffisante pour la faire adhérer par la forte pression qu'on lui fait subir. On évite ainsi toute préparation préalable, c'est-à-dire le mélange d'eau et de sable. On peut fabriquer ces briques en toute saison et quelques jours suffisent pour les sécher, ce qui permet de remplacer les immenses hangars des briqueteurs à la main, par de petites hallettes en paille ou roseaux.

Les briques fabriquées avec cet appareil ont la consistance nécessaire pour résister au rangement en tas appelé *cuisson à la volée*.

La *cuisson à la volée*, qui est généralement adoptée en Belgique, dans les départements du Nord, en Angleterre et en Allemagne, peut se faire à la houille, à la tourbe ou au bois, et consiste à disposer les briques en tas, sur une aire convenablement dressée, en ménageant dans la masse des vides pour permettre l'échauffement régulier du tas, qui varie de 50.000 à 200.000 briques.

La quantité de houille brûlée est de 250 kilogrammes (un tiers de grosse, deux tiers de menue), par millier de briques; un relevé fait dans le département du Nord, où la houille est à bon marché, a donné pour le prix de revient 12 francs par millier de briques, tous frais comptés, ce qui constitue un résultat réellement remarquable.

D'après les constructeurs de cette machine, deux hommes peuvent produire de 6 à 7.000 briques dans une journée de travail. Il faut, toutefois, compter en plus le personnel nécessaire pour gratter la terre et enlever les briques moulées pour les porter au séchage.

Voici maintenant quel est le fonctionnement de cette machine représentée fig. 38 : l'ouvrier est placé du côté du grand levier; sitôt qu'il a empli les moules avec l'aide de son second, qui est placé de l'autre côté, il se retourne pour saisir le grand levier; pendant ce temps,

Fig. 58. — Machine à briques à levier de la maison Th. Dupuy et fils.

l'aide abaisse le chapeau des moules et l'agrafe avec

l'étrier qui est à sa droite. L'ouvrier fait la pression ; l'aide retire alors l'agrafe, lève le chapeau des moules ; au même moment, l'ouvrier démoule les briques au moyen du levier qui est à sa droite ; le fond du moule est retenu en haut par un système spécial pendant que l'aide enlève les briques, et il retombe sûrement dans le fond, malgré la terre qui peut rester collée aux parois du moule, dès que l'aide, en appuyant sur le petit levier qui est à côté de lui, déclanche le système qui le retenait en l'air.

Cette disposition constitue une amélioration sensible sur les machines similaires dans lesquelles on est souvent obligé de repousser avec la main les fonds des moules. Dès que le fond est redescendu on recommence à remplir les moules, et ainsi de suite.

Cette machine est entièrement construite en fer et fonte, ce qui la met à l'abri des dérangements si fréquents dans les machines en bois, et est assez légère pour être transportée à l'endroit même d'où l'on tire la terre (poids : 400 kilogrammes environ).

Les briques sont assez fortement comprimées pour ne pas se déformer en séchant, et le séchage est de courte durée, puisque la terre n'a pas été mélangée d'eau comme pour le moulage à la main.

Grâce à une combinaison de leviers, un seul homme, appuyant sur le levier, donne une pression considérable (5.000 kilogrammes environ).

Ce système présente donc un certain intérêt en raison de sa simplicité de construction, de sa rapidité de travail et de l'économie qu'il procure.

Presses.

Les presses sont des appareils très employés dans les diverses industries de la construction pour le moulage des briques, des tuiles, des carreaux et autres poteries de bâtiment. Nous décrirons donc les systèmes qui se sont le plus répandus et ont reçu de nombreuses applications.

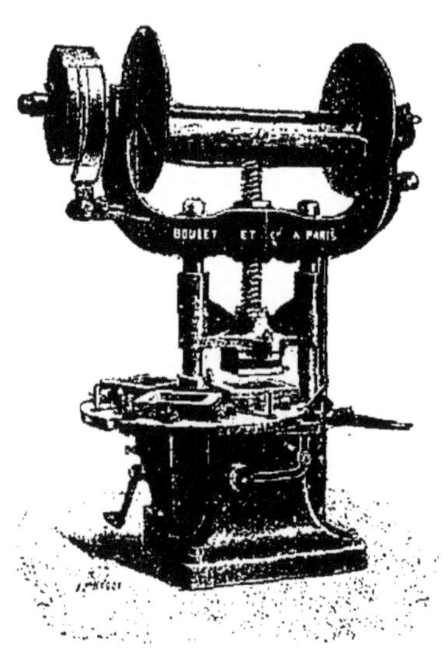

Fig. 39. — Presse à rebattre.

Presses à rebattre, de Boulet et Cie. — Cette maison construit différentes dispositions de presses ingénieusement combinées. L'un de ces types, dit *à plateau tournant* (fig. 39), sert à rebattre les carreaux et les briques, tandis que celui dit *à friction*, est utilisé de préférence pour la fabrication des briques et blocs en sable et en ciment. Avec cette presse, on peut agglomérer 4.000 briques ou 500 blocs de 48 × 22 × 15 ; elle nécessite une puissance motrice de 1 à 2 chevaux environ, et son poids est de 4.500 kilogrammes.

Cette machine est particulièrement recommandable pour l'emploi des terres demi-fermes. Avec l'installation ci-dessus, il suffit d'un homme et d'un enfant pour produire par jour 6 à 7.000 galettes à grandes tuiles de 13 par mètre carré, la terre brute leur étant amenée au pied de la première machine de la série.

La *presse à friction* (fig. 40) complète l'installation pour la fabrication des tuiles, laquelle alimente facilement deux presses à frictions. Si l'on ajoute aussi deux tourniquets et deux fils ébarbeurs par presse, ainsi qu'une brouette à étagères, laquelle sert de modèle, il sera facile aux fabricants d'établir le devis d'installation d'une tuilerie

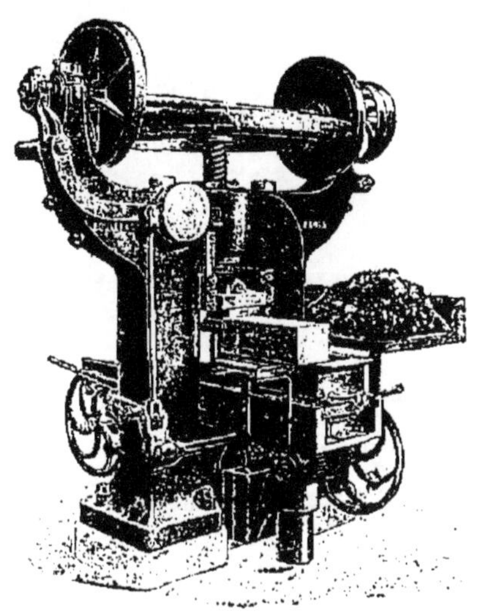

Fig. 40. — Presse à friction.

mécanique montée suivant les indications d'une longue expérience et qui pourra fournir le rendement le plus élevé avec le minimum de frais d'entretien et de personnel.

Presses Pinette. — La maison Pinette construit un modèle de presse à *plateau tournant* (fig. 41), imaginé par M. Bouvier, et très recommandable pour la fabrication rapide des briques en terre brute, des briques siliceuses, en laitier granulé, ou en agglomérés divers. Cette presse est établie pour donner une pression de 60.000 kilogrammes, et tous ses organes sont calculés pour résister à cet effort

Fig. 41. — Presse à plateau tournant, système Bonvier.

Briqueteuse sèche. — Il est nécessaire, quand on veut obtenir des agglomérés par voie sèche, de faire usage de machines puissantes. Les presses Dorsten construites par

Fig. 42. — Presse à choc, Dorsten Lobin.

M. Lobin, mécanicien à Aix, et que représentent nos fig.

42 et 43, sont les plus employées et nous en indiquerons succinctement le fonctionnement :

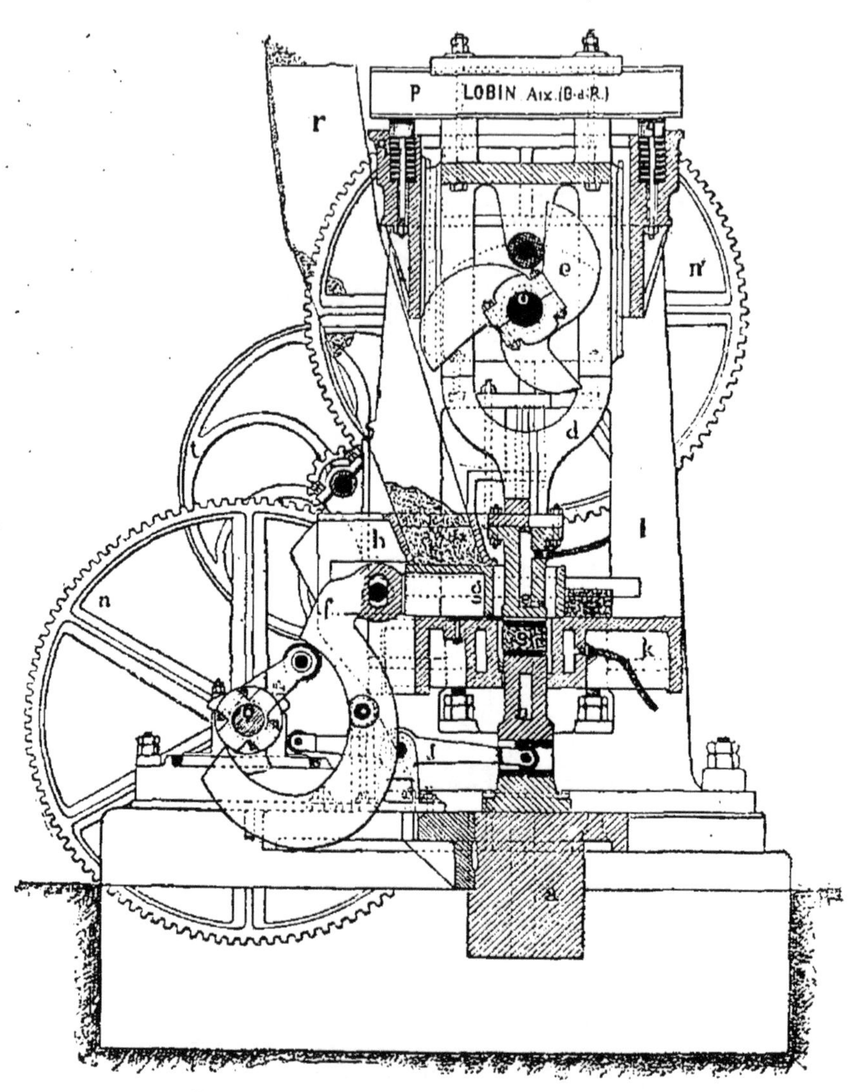

Fig. 43. — Mécanisme de la presse Dorsten.

La matière en poudre qu'il s'agit de mouler est conduite dans le moule d'une table métallique *k* où deux coups du marteau frappeur *dc* lui donnent la forme ronde ou carrée qui est celle du moule. Le mouleur est actionné par une came à trois branches *e*.

Quand les deux premiers coups sont donnés et au moment où le mouleur *c* est relevé, le tiroir mobile *g* retourne se charger de poudre ; le troisième coup appliqué, la briquette est faite. Un pilon démouleur *b*, actionné par un levier *j*, mis en train par une came *x*, soulève la brique dans la boîte et l'amène au niveau de la table de moulage. A ce moment, le tiroir *g*, chargé, pousse la briquette sur le devant de la table où elle est enlevée, et charge à nouveau le moule où l'opération recommence. Cette presse se construit simple ou double, à 2 ou 4 marteaux pour les briques rectangulaires, à 4 ou 8 marteaux pour les briques rondes. Son poids atteint 18 tonnes. Les briques peuvent être soumises immédiatement à la cuisson.

Presses à tuiles. — Les presses à friction et à rebattre servent surtout au moulage des pièces en terre dure. Quand la fabrication s'effectue avec des terres molles, dans des moules en plâtre, on emploie des modèles particuliers, tels que la *presse à excentrique*, création de la maison Chambrette-Bellon (fig. 44) et les presses mouleuses à double pression et à cinq moules, telles que MM. Wittaker, d'Accrington, Jäger de Cologne (fig. 45) Bernhardi et Söhne de Dresde, et divers autres mécaniciens en construisent et sont, peut-on dire, classiques.

Les presses à cinq formes, dites « revolver », fonctionnant au moteur, ont reçu de nombreuses applications en raison de leur production considérable et de l'économie de main-d'œuvre qu'elles permettent de réaliser. Pour une fabrication de 4.000 à 5.000 tuiles ou faîtières par jour, il suffit, en effet, de deux personnes. Un ouvrier pose la galette de terre sur le moule du prisme à cinq côtés qui se présente ; de l'autre côté un apprenti reçoit, en la

Fig. 44. — Presse à tuiles à excentrique et à double pression pour terres molles, de Chambrette.

couvrant avec une tablette, la tuile toute faite qui se détache, puis la dépose pour la parer. Le fonctionnement étant automatique, le fabricant ne dépend plus de la bonne volonté ou de l'intelligence de ses ouvriers.

La fig. 46 montre une presse à tuiles de Jäger, marchant à bras, au manège ou au moteur et capable de

produire jusqu'à 1.500 pièces par journée de dix heures
dans le premier cas, et 3.500 pièces quand elle est commandée par un moteur d'un demi-cheval. Cette machine
a un double chariot qui permet un travail continu ; la
pression s'effectue avec une force croissante et considé-

Fig. 45. — Presse à tuiles à cinq pans.

rable, comme cela est nécessaire pour obtenir des tuiles
d'épaisseur bien égale. Les produits fabriqués sont d'une
parfaite régularité, en raison de la disposition de la
partie supérieure du moule qui doit atteindre sa position
la plus basse avant de continuer sa course. Enfin le
chiffre de la production est plus élevé que dans les systèmes analogues, car cette machine n'a pas de mécanisme
de retour ni d'arrêt, sa marche ayant toujours lieu dans
le même sens.

Fig. 46. — Presse à cinq pans de Jäger.

Presse à briques sablo-calcaires. — Le moulage de
ces agglomérés exige une très forte pression, et nécessite
l'usage d'une presse très puissante.

La presse employée à l'usine des briques argilo-calcaires d'Asnières, procédé Girard-Meurer, satisfait à
ces conditions. Elle est éminemment robuste, permet
une pression considérable, comprime la brique sur ses
deux faces et fournit un grand rendement. C'est une
presse à pression et non à choc, qui fournit cinq briques

à la fois, soit 2.000 à l'heure ; chaque pression se produit donc toutes les neuf secondes environ. Comme il serait difficile à des ouvriers, même habiles, de desservir la presse dans ces conditions, un dispositif très simple permet de recevoir les cinq briques à la fois sur un plateau amovible qu'un seul manœuvre suffit à enlever.

Élévateurs et transporteurs.

Nous ne pouvons passer sous silence, dans ce chapitre consacré à l'outillage des fabriques de matériaux pour le bâtiment, les appareils servant à élever et à transporter ces matières d'une machine à l'autre.

La maison Burton fils s'est fait une spécialité de ce genre de mécanismes, et les applications qu'elle a réalisées se comptent par centaines. Les élévateurs se composent ordinairement de chaînes à godets de forme variable, puisant les matières en morceaux de diverses grosseurs à la partie inférieure de leur course, et venant les déverser dans une trémie à la partie supérieure. On peut imaginer toutes les combinaisons possibles de ce système.

La chaîne à godets sans fin passe sur deux poulies, l'une folle sur son axe, l'autre commandée par une transmission mécanique. Elle est ordinairement enfermée, et se meut à l'intérieur d'un tunnel muni de distance en distance de portes pour la vérification et le graissage. Notre figure représente une application intéressante d'élévateur d'une conception originale et qui a été réalisée à l'usine d'Asnières. L'appareil se trouve suspendu à

l'extrémité d'un balancier équilibré, porté en son milieu
par un pylone monté sur roues. L'élévateur peut donc
s'abaisser ou s'élever à volonté, suivant la nécessité. Une

Fig. 47. — Élévateur mobile de l'usine d'Asnières.

fois que la partie inférieure de la chaîne est mise en
contact avec la matière, l'appareil fonctionne comme
un élévateur ordinaire et les godets viennent déverser
leur contenu dans une trémie logée dans la façade de
l'estacade sur laquelle ce mécanisme est installé. Le but

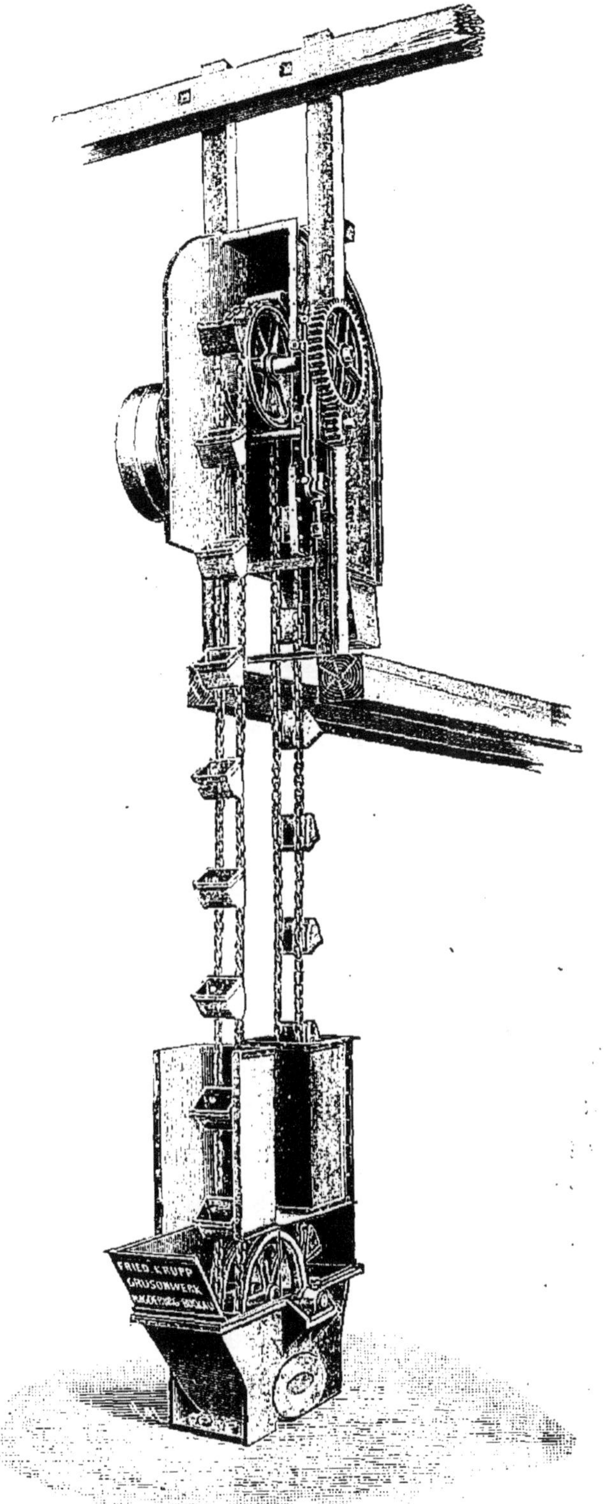

Fig. 48. — Élévateur, modèle Krupp de Grusonwerk.

de cet appareil est d'assurer en tout temps le déchargement des bateaux apportant le sable et les autres matières traitées à l'usine, quels que soient la hauteur des eaux et le niveau de la matière dans le bateau.

Si les élévateurs sont destinés, comme leur nom l'indique, à amener les substances à travailler d'un niveau quelconque à un autre plus élevé, les transporteurs ont pour rôle d'amener ces substances d'un point à un autre, situé à une distance plus ou moins grande du premier,

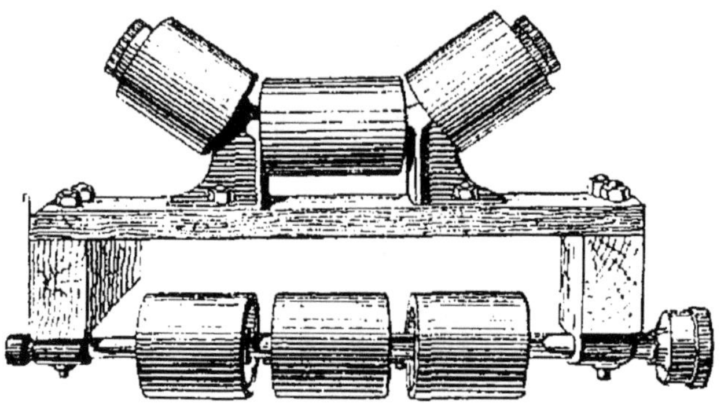

Fig. 49. — Jeu de poulies du transporteur Robins.

mais toujours au même niveau. C'est donc une sorte de plate-forme roulante, de chemin sans fin, avançant constamment avec une vitesse uniforme, et pouvant transporter les produits déposés à sa surface, depuis le point de départ jusqu'à celui d'arrivée.

Le transporteur mécanique, système Robins, exploité en France par M. la Burthe, présente des particularités remarquables. Il ne se compose, comme l'indique la figure 49, que de deux parties essentielles : un jeu de poulies folles et une courroie de caoutchouc glissant sur ces poulies qui servent de support. La courroie prend, sous

le poids des matériaux dont on la charge, une forme
concave et repose sur ces poulies disposées de distance
en distance. L'entraînement se fait par une extrémité,
la courroie venant entourer la jante d'une poulie plate
commandée par un moteur quelconque. Elle passe ensuite sur des poulies de support placées au-dessous des
premières. Ce système, construit avec soin, a reçu de
nombreuses applications.

Nous arrêterons ici cette description des machines
employées pour la préparation des matériaux qui vont
être étudiés dans les pages suivantes. Il existe une très
grande variété des appareils que nous avons passés en
revue, mais nous sommes obligé de nous borner pour ne
pas allonger démesurément ce chapitre déjà trop étendu.

CHAPITRE IV

LES BRIQUES D'ARGILE.

La pierre artificielle (le mot étant pris ici dans son sens générique) joue dans la construction un rôle prépondérant, bien que son importance relative varie suivant les pays, en raison, d'une part, de l'abondance plus ou moins grande des matériaux naturels et, d'autre part, en raison des gisements plus ou moins importants des matières qui servent à sa fabrication.

La brique est incontestablement, parmi les matériaux de construction obtenus artificiellement, le produit le plus répandu. Son origine date des temps les plus reculés. Les plus anciennes pyramides contiennent un noyau composé de briques, et il paraît certain que les Égyptiens connaissaient cette matière depuis fort longtemps, de même que les Assyriens.

La brique antique, comme la brique moderne, était faite d'argile ou terre glaise. Son histoire se développe parallèlement à celle du bois et du fer dans la construction, et peut se généraliser en deux époques, celle de la brique séchée à l'air et celle de la brique cuite au feu. La première suffisait aux pays tropicaux, où le soleil non seulement séchait la brique, mais encore opérait une certaine cuisson qui lui donnait rapidement une résistance suffisante ; mais, dans les contrées plus septentrionales, le durcissement naturel était trop lent et l'on adopta bientôt la méthode de cuisson artificielle, dont les Romains surtout furent les ingénieux promoteurs.

L'emploi de la brique cuite se répandit dans toute l'Europe, puis tomba en désuétude à la chute de l'Empire, pour renaître au moyen âge, décliner encore et finalement s'affirmer au dix-neuvième siècle, grâce à l'introduction des machines dans la fabrication et aux fours continus.

Les briques crues sont très répandues dans le midi. Celles de Champagne ont $0^m,30$ de long, $0^m,14$ de large et $0^m,07$ à $0^m,08$ d'épaisseur. Elles se fabriquent dans des moules réguliers. Les meilleures sont d'argile rouge ou blanche mêlée de sable ; on en fait avec la *boue* des routes, laquelle est composée d'argile, de craie et de silex écrasé. Le moment le plus favorable pour leur fabrication est le printemps et l'automne, saisons pendant lesquelles la dessiccation se fait mieux ; elles ne s'emploient qu'après qu'elles sont arrivées, par leur exposition à l'air et au soleil, à une dessiccation complète, sans laquelle la gelée, en les faisant gonfler, amènerait leur destruction. Ces briques sont d'un mauvais usage à l'humidité lorsqu'elles ne sont pas recouvertes de peinture à la chaux, ou d'un enduit de chaux, d'argile et de boue.

Les briques cuites s'obtiennent en soumettant à un feu violent et soutenu des briques crues fabriquées avec de l'argile mélangée de 1/5 à 1/4 de sable fin. Quand l'argile est trop plastique, les briques sont sujettes à se

déformer et à se fendiller ; on dégraisse donc et on *amai-
grit* la pâte en ajoutant du sable fin qui combat le retrait, ou des marnes calcaires ; si, au contraire, l'argile
n'a pas assez de liant, on engraisse la pâte avec de la
marne ou du calcaire. La fusibilité est augmentée en
additionnant de la craie au mélange et on pousse la
cuisson jusqu'à un commencement de vitrification. On
peut aussi ajouter à la pâte du mâchefer ou des scories
pulvérisées : ces matières agissent comme anti-plastiques
et régularisent la répartition de la chaleur pendant la
cuisson. Les briques ainsi obtenues sont noires, compactes, sonores ; elles résistent mieux aux intempéries et
restent assez fusibles, sans être friables. On peut les
tailler facilement d'un coup de hachette sans produire
d'éclats.

Les briques, dites *réfractaires*, doivent réunir aux propriétés des bonnes briques la qualité de résister à des
températures très élevées. Elles sont faites avec des argiles plastiques très réfractaires contenant peu de chaux
et d'oxyde de fer, dégraissées en y ajoutant un ou deux
volumes de ciment de terre réfractaire bien broyé ; les
argiles sont lavées. Pour les briques demi-réfractaires,
on dégraisse simplement l'argile avec du sable.

La fabrication des briques d'argile s'exécute de la
façon suivante : on choisit des terres dépourvues d'éclats
de craie, ou de débris de pierres calcaires et ne contenant pas de pyrites de fer trop volumineuses, ni de matières salines ou organiques.

On extrait l'argile en automne et on la laisse exposée
à l'air jusqu'au printemps, c'est ce qu'on appelle l'*hivernage*. On change les surfaces exposées à l'air en retour-

nant la masse à la pioche ou à la pelle. Cette exposition à l'air ou *pourrissage* a pour effet de purger l'argile d'une partie des substances étrangères qu'elle contient. Le *corroyage* ou pétrissage s'effectue ensuite en *marchant* l'argile, en la remuant ou en la battant dans une fosse, opération très pénible et qui peut être exécutée avec avantage au moyen des machines à préparer les terres décrites dans le chapitre précédent.

La terre est purgée des substances pierreuses, crayeuses, calcaires ou pyriteuses en la passant à la claie après l'avoir concassée. Le sable ou la marne sont ensuite ajoutés et l'on remue la masse de manière à la rendre bien homogène. On y verse ensuite moitié de son poids d'eau pour amener le mélange à la consistance d'une pâte molle. Quand l'alumine et la silice ne se trouvent pas en proportion convenable dans l'argile, on ajoute l'élément manquant.

La terre une fois bien pétrie, on procède au façonnage et à la fabrication des prismes rectangulaires qui seront des briques. Dans la fabrication *à la main*, on se sert de moules sans fond, en bois ou en fer. En raison du retrait de 1/5 que la terre éprouve pendant sa dessiccation et sa cuisson, il faut que ces moules aient des dimensions un peu supérieures à celles que les briques doivent avoir.

Le mélange, après avoir été tassé dans les moules préalablement saupoudrés de sable pour éviter que l'argile ne s'y attache, est retiré, séché au soleil ou à l'air sous des hangars, jusqu'à ce qu'il ait suffisamment acquis de consistance et de solidité pour pouvoir être mis au four.

La cuisson est opérée suivant diverses méthodes : soit

à la volée, comme nous l'avons dit page 99, à la meule ou par le procédé flamand au charbon de bois. Il ne faut pas sécher les briques trop rapidement, car on pourrait les faire gercer ou voiler.

Le moulage des briques, comme la préparation de la terre, s'effectue plus économiquement et d'une manière bien plus parfaite à l'aide des diverses machines dont nous avons donné la description. Les mouleuses méca-

Fig. 50. — Mouleuse de briques au moteur.

niques (fig. 50 et 51) laminent les terres, les malaxent, les compriment et les chassent à travers une filière de forme appropriée; les prismes sont reçus sur une table de forme spéciale où ils sont découpés automatiquement à la longueur voulue (fig. 52).

Un retrait de 1/8ᵉ sur les dimensions entre une brique sortant du moulage et la même brique sèche prête à la cuisson, indique que le mélange argileux est à base convenable. Un retrait moindre correspond à un mélange manquant de plasticité; ce défaut se corrige par une addition d'argile, ou en éliminant l'excès de matières siliceuses. Un retrait plus accentué est l'indice de pro-

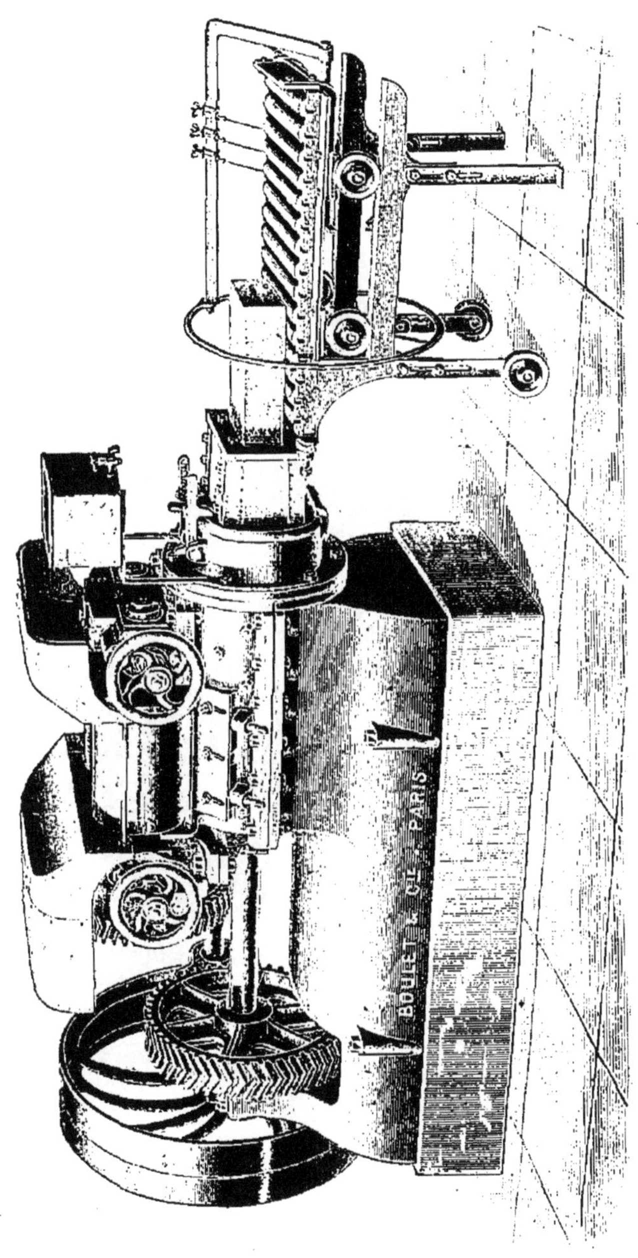

Fig. 51. — Mouleuse de briques avec découpeur automatique de Boulet.

duits pouvant se fissurer à la dessiccation et à la cuisson ;

il est nécessaire alors d'ajouter des substances inertes.

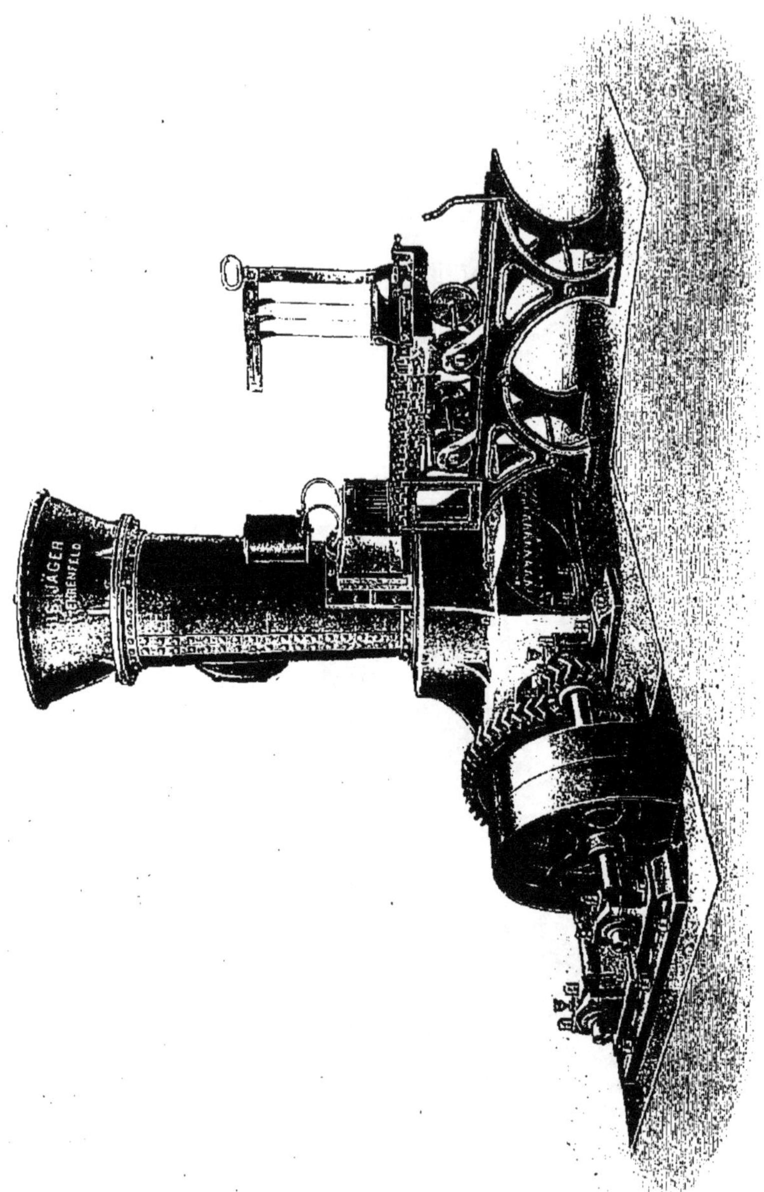

Fig. 52. — Machine à briques de grand travail, de Jäger.

Dans les briques creuses, les vides étant parfois égaux

aux pleins, il entre dans leur composition moitié moins
de matières première. Le séchage est obtenu beaucoup
plus rapidement, et à la cuisson on réalise une économie
de combustible de 40 %. Le prix de revient des briques
creuses est donc notablement inférieur à celui des briques
pleines.

Il faut compter 1.040 kilogrammes de bois ou 250 kilogrammes de houille pour la cuisson de mille briques.
Avec le four système Hoffmann, il ne faut que 100 kilogrammes de houille pour la même quantité de briques.

Fabrication des briques par la méthode sèche.

Il est très important, pour le moulage à sec, de bien
choisir l'argile et les machines qui servent à sa préparation. Il est évident que toutes les argiles ne conviennent
pas et que par suite elles doivent être essayées avec soin.
Sur 63 espèces qui ont été essayées il n'en a été trouvé
que 6 impropres pour la fabrication à sec.

L'essai se fait d'une manière très simple. On sèche
de 50 à 100 kilogrammes d'argile ; on y ajoute ensuite de
4 à 6 % d'eau, puis la masse est malaxée et tamisée. La
matière pulvérulente ainsi obtenue est alors comprimée
hydrauliquement. La presse hydraulique est employée
de préférence, car la pression par unité de surface est
plus exactement déterminée que par les presses mécaniques à levier. On constate que la pression varie, suivant
les matières, de 100 à 200 kilogrammes par centimètre
carré de surface.

Les argiles grasses et plastiques sont celles qui présentent le plus de difficultés au façonnage, mais les progrès de la mécanique en sont venus à bout, et il existe des fabriques ne travaillant qu'avec de l'argile grasse plastique qui fournit des produits en tous points comparables à ceux des meilleurs fabricants.

Le concassage des matières plastiques ou, ce qui est plus exact, la réduction des matières est particulièrement importante car les morceaux envoyés au séchoir ne doivent pas être trop gros.

Le séchoir, quelle que soit sa construction, doit pouvoir sécher une argile contenant jusqu'à 40 % d'eau et la sécher complètement.

Si l'on prend une moyenne de 20 % d'humidité on arrive déjà à un chiffre élevé d'eau à vaporiser, lorsqu'il s'agit par exemple d'une fabrication journalière de 20.000 briques soit 10.000 kilogrammes d'eau environ. On a à cet effet construit différents appareils mécaniques excellents dont le seul inconvénient est de coûter très cher. Les fours sont meilleur marché mais ils réclament une attention continue. Ils sont à travail continu comme les appareils précités et il est également nécessaire de leur donner les matières réduites en petits morceaux afin que l'eau contenue soit évaporée dans le temps le plus court possible. Toutefois la conduite de ces fours demande une expérience pratique car la matière dans la plupart des cas se laisse difficilement pénétrer par l'air et par suite son séchage, c'est-à-dire l'évaporation de son eau, est des plus difficiles.

La réduction de l'argile en morceaux se fait au moyen de laminoirs spéciaux, au sortir desquels la matière est transportée au moyen d'une bande sans fin à l'appareil de séchage ou au fourneau. On remarque que les argiles maigres se divisent encore dans le sécheur, tandis que l'argile grasse plastique garde la grosseur qu'elle avait en entrant dans le séchoir et, lorsque ce dernier est un cylindre, elle le quitte sous forme de boule dont l'intérieur conserve encore de l'eau en partie. Par suite il est nécessaire de réduire l'argile plastique en d'aussi petits morceaux que possible et il n'est nullement à craindre, comme on l'a parfois avancé par erreur, que ces petits morceaux s'agglomèrent ensemble dans le séchoir.

Pour obtenir un refroidissement plus rapide de la matière séchée (lorsqu'il s'agit de séchoirs à cylindres) on emploie fréquemment un dispositif complémentaire dans lequel la matière est en mouvement continu et parcourue par un courant d'air de direction opposée à son mouvement. Cette disposition complémentaire n'est pas nécessaire avec l'emploi des fours. La disposition intérieure comporte un dispositif d'établissement ; par contre les broyeurs doivent être plus grands et prennent plus de force, attendu que l'argile employée dans ces fours est en morceaux plus gros. En quittant les appareils refroidisseurs, les petits morceaux d'argile séchée sont pulvérisés et la poudre est conduite dans un appareil spécial où elle est additionnée d'eau dans une proportion de 3 à 6 % suivant la nature de l'argile. Après cette opération la poudre paraît encore parfaitement sèche mais cependant les quelques centièmes d'eau qu'elle contient lui donnent la plasticité nécessaire au moulage.

Enfin, après la pulvérisation, a lieu le tamisage qui s'opère ordinairement dans un trieur hexagonal dont les cases correspondent au grain voulu.

Pour la fabrication des briques de parement et profilées le tamis est un peu plus gros que lorsqu'il s'agit de carreaux.

Du trieur, la matière passe finalement à la presse, habituellement au moyen d'une vis sans fin. Au-dessus de la presse se trouve un silo qui contient assez de matière pour éviter qu'un arrêt momentané de la production immobilise la presse.

Les presses employées sont de préférence hydrauliques et automatiques; c'est-à-dire qu'elles remplissent les alvéoles ou moules, opèrent la première pression de la matière correspondant à l'échappement de l'air, donnent la pression finale et poussent la brique ou pièce moulée en avant de la presse. La capacité de la presse est fonction de la grandeur de celle-ci; une presse à 4 pilons de format normal peut fournir 20.000 briques par jour. Elles peuvent également faire des briques façonnées et profilées de toutes formes au moyen de moules spéciaux qui peuvent être substitués aux premiers.

La pression à employer doit être déterminée avec le plus grand soin suivant la nature des matières et cela au moyen d'essais pratiques. Si la pression est trop faible ou trop forte, il peut parfaitement se produire un résultat négatif, que l'on traduit le plus souvent en disant que l'argile ne se prête pas à la méthode de pressage à sec.

Les presses hydrauliques à sec actuellement en service travaillent avec une pression de 90 à 300 atmosphères qui correspond environ à une pression sur les moulages de 100 à 400 kilos par centimètre carré.

L'air contenu dans la matière doit être rigoureusement

expulsé dans la méthode de moulage à sec au moment du moulage car sinon les produits moulés pourraient contenir des globules d'air qui, pendant la cuisson, se distendraient et causeraient des gerçures et des crevasses.

Une presse bien appropriée est donc indispensable pour l'application de cette méthode mais il est tout aussi important que la préparation de la matière soit faite dans des conditions propres à assurer une bonne fabrication, ces deux éléments : machine et préparation, étant essentiellement solidaires.

Cuisson des briques.

On ne saurait trop insister sur l'importance d'une absolue régularité dans la cuisson des objets soumis à l'effet de la chaleur, opération qui doit être constante et progressive. Les ouvriers qui en sont chargés doivent se souvenir que la combustion consiste dans l'utilisation de l'oxygène fourni par l'atmosphère. Le combustible doit être chargé souvent, légèrement et de manière à être dégagé.

On comprend naturellement que cette manière de charger le combustible demande beaucoup de soins et de travail. Ainsi, il est beaucoup plus facile pour le chauffeur de remplir les fourneaux et de se reposer pendant trois ou quatre heures que d'être toujours sur le qui-vive pour charger des quantités moindres. Cependant c'est le désir, de la part du chauffeur, de s'épargner du dérangement qui est la cause, dans beaucoup de cas, d'un chauffage imparfait et du gaspillage, qui envoie des volumes de fumée noire dans l'atmosphère.

Les foyers sont de vrais générateurs, dans lesquels ceux

des constituants solides du combustible susceptibles d'être transformés s'en vont à l'état gazeux, prêts à se combiner avec l'oxygène de l'atmosphère. Mais une certaine température est nécessaire pour la combinaison active, pour le commencement et la continuation de la combustion. La température qui convient pour chaque cas dépend de l'élément, gaz ou hydrocarbure, qui entre en combinaison avec l'oxygène de l'air, et de la nature du composé qui en résulte. Que doit-on donc attendre lorsque le chauffeur introduit de fortes charges de combustible dans le fourneau ? On trouvera que la chaleur engendrée par la combustion du charbon frais qui repose immédiatement sur la surface de la masse incandescente servira, dans la plupart des cas, à chasser les lourds hydrocarbures de l'épaisse couche de combustible superposé. La température du four et de son contenu est diminuée, en même temps que 50 % environ des constituants les plus précieux du combustible passent à travers et sortent par la cheminée à l'état de fumée noire, ce qui entraîne une perte pour le fabricant, tout en exerçant un effet nuisible dans le voisinage. A la longue, la température s'accroît de manière à atteindre progressivement la normale. Toutefois, on doit se souvenir que les variations de température auxquelles les produits seraient assujettis dans de mauvaises conditions de cuisson seraient probablement fatales à leur qualité et par suite à leur valeur.

Admission de l'air. — C'est là un sujet peu approfondi et généralement peu compris des préposés à la cuisson ; il vaut mieux donner trop d'air que pas assez. Le desideratum est d'admettre juste la quantité d'air voulue pour la combustion complète sans en laisser entrer davantage.

Il y a d'ailleurs intérêt à faire entrer l'air à l'état de petits filets venant immédiatement au-dessus des gaz qui se dégagent des combustibles tout en s'introduisant dans leur substance et le mélange d'air et de gaz ne peut être trop intime pour assurer une combustion parfaite. Afin d'atteindre ce but, l'emploi de blocs plats en argile réfractaire perforés est à recommander.

L'air est généralement introduit au-dessus des foyers en grand volume, et l'on ne songe pas que la vitesse du tirage augmente en raison de l'accroissement de la chaleur. Pourvu que la température soit assez élevée pour assurer une combustion parfaite, une quantité trop grande exerce certainement un effet oxydant, mais un tel régime est certainement désastreux. On serait étonné de savoir combien est grande la quantité de combustible gaspillée de cette manière, et l'énorme quantité d'air, ainsi entraîné, enlève continuellement la chaleur, sans exercer aucun effet utile.

D'un autre côté, toute diminution du volume d'air en dessous de celui nécessaire pour la combustion complète, se traduit par la réduction, ce qui peut amener l'altération des produits. Avec des dispositions très mauvaises, la combustion ne devient complète que dans la cheminée, soit à sa base, soit à son sommet. Une flamme bleuâtre, qui ressemble à celle que l'on voit au-dessus d'un feu à coke, peut être observée la nuit en haut de la cheminée d'un four à briques, et, dans ce cas, il y a un gaspillage inutile de combustible en même temps qu'une détérioration du four. Dans d'autres cas, l'acide carbonique combustible s'en va sans être aperçu, puisque ce gaz est incolore, et la perte reste également inaperçue.

La quantité d'air admise doit être déterminée par la grandeur et la température du feu. Plus la charge de combustible est légère, et plus souvent renouvelée avec une température croissante, moins grand sera le volume d'air nécessaire. C'est ici que le préposé à la cuisson doit excercer son jugement, puisqu'il n'y a pas de règles à donner pour ce cas. Cependant, si le tirage est bien réglé, il n'y aura pas de décoloration des produits, et il y aura une diminution sensible des produits de rebut, avec une moindre usure du four. En dernier lieu, ce qui ne serait pas le moindre avantage, on aurait la satisfaction de savoir que chaque parcelle de charbon brûlée a été parfaitement utilisée et autant que le permet la méthode de cuisson adoptée.

D'après M. Barré (*Petite Encyclopédie du bâtiment*), les briques pour le bâtiment doivent présenter les qualités suivantes :

Homogénéité dans toute la masse ; texture égale ; cassure brillante ; absence de fissure et de défauts ; dureté les rendant capables de supporter de fortes charges ; résistance à la fente ; régularité de formes, afin que les joints soient partout de même épaisseur, et que le tassement de la construction soit uniforme ; uniformité de dimensions, afin que les briques d'une même assise soient de même hauteur, que l'on obtienne des parements de maçonnerie bien réguliers ; uniformité de couleurs pour les briques de revêtement et dans les travaux d'ornementation ; facilité de les couper et tailler à la longueur et sous la forme voulues.

Les bonnes briques rendent un son clair par la percussion ; elles sont dures et ont le grain fin et serré dans la cassure; les arêtes doivent être dures, la surface unie et lisse, non déjetée; elles sont d'un rouge brun foncé, et quelquefois présentent à la surface des parties vitrifiées. Cette dernière apparence n'est due souvent aussi qu'au degré de cuisson ou à la présence de sable siliceux et de mâchefer pilé sur la surface, et l'argile peut y être impure ou mal préparée.

D'après Salvétat, 100 kilogrammes de briques sèches absorbent $13^k, 11$ d'eau.

Pour vérifier si une brique peut résister à la gelée, on peut employer le *procédé Brard*[1].

Les bonnes briques cuites remplacent dans bien des cas le moellon, et suppléent avec économie à la pierre de taille. Pour des constructions extérieures exposées à l'humidité, les briques doivent être compactes, résister à l'absorption de l'humidité et à la gelée. Pour des constructions intérieures, elles peuvent être poreuses, légères et doivent être faciles à tailler pour diminuer le travail.

---

1. Ce procédé consiste à tailler dans la pierre à essayer des petits cubes de $0^m,04$ à $0^m,05$ de côté; après les avoir pesés, on les fait bouillir pendant 1/2 heure dans une dissolution de sulfate de soude saturée à froid (sel de Glauber); on les suspend ensuite dans une chambre maintenue à la température de 15° environ, jusqu'à ce qu'ils soient recouverts d'efflorescences salines neigeuses semblables à du salpêtre; on les asperge alors, en les tenant au-dessus du vase, avec de l'eau pure, jusqu'à ce que toutes les aiguilles salines aient entièrement disparu. Cette opération faite, on replonge les cubes dans la dissolution froide, on les expose de nouveau à l'air, on les arrose, et l'on continue d'opérer ainsi pendant 5 ou 6 jours. Quand les pierres ne sont pas gélives, le sel n'entraîne rien avec lui, et l'on ne trouve aucune parcelle de pierre au fond du vase; mais si les pierres sont gélives, on s'aperçoit, dès que le sel disparaît, qu'il détache des fragments, que les cubes perdent leurs angles et que leurs arêtes s'émoussent

Pour des voûtes, elles doivent présenter une grande résistance.

Les *briques de Bourgogne* sont les meilleures ; on fait aussi une grande consommation de briques de Montereau ou de Solins. Les briques dites de *pays* (Paris et environs, Vaugirard) sont moins estimées ; on les emploie à cause de leur légèreté ; elles ont $0^m,22 \times 0^m,10$ ou $0^m,11 \times 0^m,04$ ou $0^m,05$ ou $0^m,06$.

3° Les *briques pour fours, fourneaux, cheminées et carrelages*, devant résister à une certaine température ou à des frottements et des chocs, doivent être dures, compactes, lourdes, bien cuites.

Parmi les briques qui réunissent ces qualités, on peut citer celles de Bourgogne, homogènes, et surtout celles dites des *bonnes marques*.

On fait des *demi-briques* qui n'ont que la moitié environ de la longueur des briques ordinaires, et d'autres que la moitié de l'épaisseur. Les premières sont très commodes pour couper les joints sans avoir à casser des briques entières, et les secondes pour obtenir une hauteur précise sans passer trop de temps à tailler.

Les briques peuvent être classées comme suit :

1° *Briques de grosse construction,* les plus communes, coûtant de 10 à 35 francs le mille. Les plus grosses, connues sous le nom de *briques anglaises*, contiennent souvent des fragments de coke ou de mâchefer. Elles sont proportionnellement moins denses et plus susceptibles de conserver la chaleur des chambres dont elles constituent les murs.

2° *Briques pour fours,* fourneaux, cheminées et carrelages, devant résister à une certaine température, à des chocs ou des frottements. Ces briques sont compactes,

Fig. 53 à 70. — Différentes formes de briques creuses en argile employées
dans la construction.

pesantes, bien cuites et d'une grande dureté. Les briques

de Bourgogne homogènes et de bonne marque possèdent ces qualités.

3° *Briques pour réservoirs,* aqueducs, etc. Ce sont les plus compactes et les plus cuites. Elles offrent, sur un de leurs côtés au moins, des traces de vitrification et sont appelées *briques fort cuites.*

4° *Briques creuses* ou tubulaires système Borie (voy. fig. de 53 à 70). Elles sont légères, économiques, très résistantes à la rupture et aux agents atmosphériques, sont mauvaises conductrices de la chaleur, ne transmettent pas l'humidité et procurent une liaison plus intime des maçonneries où elles entrent. On les utilise pour les ouvrages tels que planchers, voûtes, revêtements, cloisons et autres parties qui n'ont pas besoin d'une grande résistance. Les trous sont percés dans le sens de la longueur ; on distingue les modèles à grandes, moyennes et petites cavités. Le nombre de ces trous est variable et peut aller de 3 à 18.

5° *Briques vernissées,* sur une ou plusieurs faces, à l'aide d'un enduit vitrifié. Ces briques sont employées

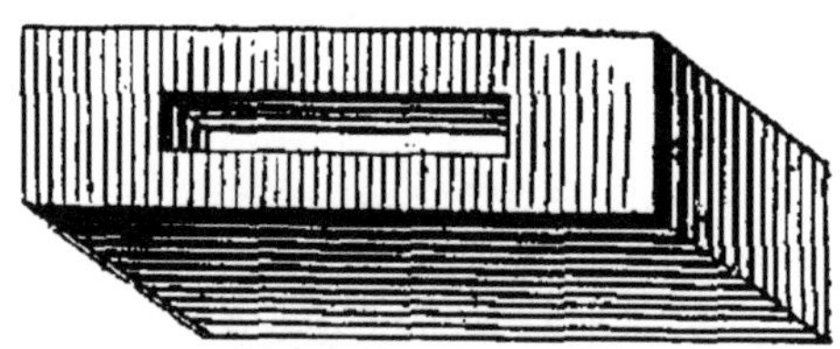

Fig. 71.

pour citernes, réservoirs, aqueducs et surtout conduits de fumée, car la suie n'y adhère pas.

Citons encore les *briques creuses cintrées à emboîtement* Gilardoni pour arcs (fig. 72 et 73) ; les *blocs creux* pour remplissage (fig. 71), des mêmes fabricants, qui procurent une économie de 40 % ; les *briques tubulaires Cartaux* à deux vides cylindriques longitudinaux, employées pour hourdis de planchers en fer ; les *briques tubulaires Ferrière* plates ou cintrées, de dimensions proportionnées à l'écartement des solives des planchers et qui constituent un hourdis creux, léger, solide et isolant et les *briques circulaires Gourlier*, très utiles pour la construc-

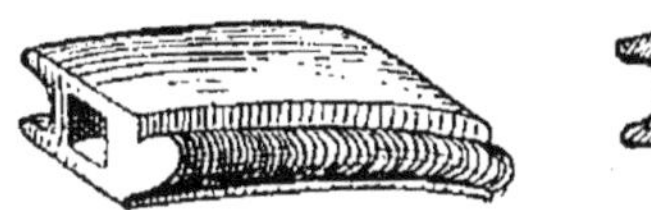

Fig. 72 et 73.

tion des tuyaux de cheminée, dans l'épaisseur des murs. Toutes ces briques, quels que soient leur profil et leur section, peuvent être moulées mécaniquement à l'aide des machines que nous avons décrites.

Briques réfractaires. — Ces briques sont fabriquées avec des argiles pures ou exemptes de chaux, de potasse, de pyrites de fer, etc. Telles sont certaines briques de fours ou de grands creusets. Les plus estimées sont celles provenant du département de Saône-et-Loire.

On fait aujourd'hui des briques réfractaires en *diatomite* ou terre d'infusoires. Ces briques, en silice pure, sont plus légères que l'eau et très mauvaises conductrices de la chaleur. Nous avons parlé du détail de cette matière à l'article *kieselguhr* dans notre chapitre II et nous y renverrons le lecteur.

Certaines briques, dites *légères,* présentent également une densité inférieure à celle de l'eau. Elles sont formées d'un mélange d'argile, d'alumine, de chaux et d'oxyde de fer. Elles sont réfractaires et ne pèsent que 0,450 chacune.

Briques de porcelaine. Ces briques, fabriquées par M. Mouret, sont creuses. Elles mesurent $0^m,22$ sur $0^m,12$ et $0^m,06$ et coûtent $0^f,65$ pièce. Grâce à leur imperméabilité et à leur inaltérabilité, leur durée peut être considérée comme indéfinie. Employées depuis longtemps en Chine, les briques de porcelaine, grâce à leur durée, deviendraient à la longue moins coûteuses que les briques d'argile ordinaires.

Résistance des briques. Les bonnes briques ordinaires *pleines* résistent à l'écrasement à des pressions variant entre 100 et 200 kilogs par centimètre carré ; cette résistance tombe à 40 kilogs pour certaines briques communes. A la traction, les briques peuvent supporter un effort de 18 à 20 kilogs par centimètre carré. Toutefois il convient, en pratique, de ne pas dépasser une charge d'écrasement de 12 kilogs par centimètre carré pour les briques fabriquées à la machine et posées sur mortier de ciment.

Les briques *hollandaises* constituées avec de l'argile vitrifiée extérieurement par du sable quartzeux, atteignent, d'après les essais faits récemment au laboratoire de Charlottenbourg près Berlin, une résistance de 375 kilogs par centimètre carré. Leurs dimensions sont de $0^m,26 \times 0^m,12 \times 0^m,055$.

Certaines briques creuses peuvent résister jusqu'à 195 kilogs par centimètre carré. Les briques poreuses, moins denses et contenant du lignite et de la sciure de bois jusqu'à moitié du poids de la terre à mouler, ont une résistance de 185 kilogs si elles sont pleines et de 85 kilogs si elles sont creuses.

Le poids du mètre cube de briques, hourdées avec du ciment ordinaire, est de 1700 à 1800 kilogrammes.

Il faut 635 briques de Bourgogne par mètre cube de maçonnerie.

Telles sont les principales données techniques relatives aux briques de terre glaise plus ou moins mélangée de sable siliceux ou autres substances, et employées pour les diverses constructions. Passons maintenant à une autre catégorie de matériaux tout différents.

Fabrication des briques de revêtement, pièces façonnées, tables et pavés, au moyen de presses rabatteuses.

On s'est longtemps contenté de fabriquer les carreaux et dalles à la main en les moulant dans des formes en bois ou en fer comme les briques, et cet usage prévaut encore dans certains pays. Pour obtenir que leur surface fût plus lisse et serrée, et leurs arêtes vives, on les battait avec des battes ou des lames, lorsqu'ils étaient moulés. On fut amené alors à établir des machines pour cet usage et on se servit de presses pour comprimer les pièces, faites à la main et déjà un peu compactes, par une vigoureuse pression. On doit frotter les moules avec un mélange d'huile minérale et de colza, pour empêcher les parties humides d'adhérer au métal.

Au lieu de faire les briques à la main il est préférable d'employer une machine à étirer qui fait le travail plus vite et mieux en même temps que meilleur marché. On dispose la filière suivant le produit que l'on veut obtenir en lui donnant la forme et les dimensions nécessaires pour fabriquer des tuiles ou des pièces de revêtement, pièces façonnées, briques réfractaires, dalles, etc.

Si l'on veut faire simplement des briques fortement comprimées, briques réfractaires ou carreaux, on ajoute à la presse un moule ayant la forme et la dimension de l'objet voulu, sauf qu'il faut ajouter le nécessaire pour le retrait à la cuisson. S'il faut des dessins, le moule doit être établi en conséquence. Mais il ne suffit pas pour les carrelages de faire des pièces carrées ayant une surface unie, car on demande aussi des pièces à 3 pans, à 6 ou à 8 pans, soit aussi avec des parties creusées ou saillantes, avec des dessins de couleur du côté du parement. La face postérieure peut être striée pour mieux tenir dans le mortier, ou porter une marque de fabrique. On place alors pour cette fabrication une plaque libre ornementée en négatif, dans le fond de la boîte où la galette sera pressée, et on fixe au plateau supérieur la plaque portant la marque de fabrique. Mais il vaut mieux agir inversement et disposer la plaque donnant le dessin en dessus, de manière à pouvoir reconnaître de suite, en soulevant un peu la plaque supérieure, si la pression a été suffisante, si le côté du parement est bien réussi, ou s'il faut lui en donner une nouvelle, sans pour cela devoir déplacer l'objet lui-même. De plus l'ouvrier n'a pas à retourner la pièce pour la poser sur l'étalage puisque celle-ci se présente du bon côté. Les pierres et dalles moulées ainsi avec des dessins en creux ou en relief servent principalement pour les trottoirs, cours, écuries, fabriques, ateliers, magasins, entrées de portes cochères, etc. Les produits repressés doivent avoir déjà avant la cuisson une surface unie et serrée, et montrer des cassures nettes qui permettent d'augurer que la masse se vitrifiera par la seule cuisson en un tout compact.

CHAPITRE V

LES MORTIERS [1].

Les mortiers sont des mixtures employées dans les constructions et destinées à servir de liens entre les pièces solides et isolées, pierres de taille, moellons, briques, etc.

Le mortier, sous forme de pâte plus ou moins liquide, est coulé entre ces différents éléments ; il se solidifie lentement et le tout forme alors un bloc compact et unique.

Si la construction est aérienne, le mortier est dit *aérien ;* si la construction est submergée, le mortier est hydraulique.

Le mortier ordinaire est préparé en mélangeant à une bouillie de chaux grasse des matières inertes telles que du sable, du feldspath, des cendres, des scories de haut fourneau, etc.

L'extinction de la chaux doit se faire avec précaution.

1. Voy. pour plus de détails sur la composition et la fabrication des mortiers employés dans la construction, l'ouvrage très documenté sur la « MAÇONNERIE » *(Guide pratique du Constructeur),* par Demanet, 1 vol. de la Bibliothèque des Professions. J. Hetzel, éditeur.

Le plus souvent on creuse une fosse, dite fosse d'extinction, de 0^m,50 environ de profondeur et d'une quinzaine de mètres carrés de surface. On arrose la chaux vive avec de l'eau froide en quantité suffisante pour former une bouillie épaisse. La chaux s'échauffe, se combine à l'eau et forme une pâte. On peut aussi éteindre la chaux par immersion en la plongeant dans l'eau pendant quelques secondes ; on la retire et on l'abandonne à elle-même : elle s'échauffe, se fragmente et finalement tombe en poussière en doublant presque son volume.

L'immersion se pratique très facilement en plongeant dans l'eau la chaux en morceaux contenue dans des seaux perforés.

L'augmentation de volume est encore plus considérable quand on laisse la chaux se déliter au contact de l'air : 100 volumes de chaux vive peuvent alors produire 200 et 250 volumes de chaux éteinte.

Le sable est mélangé le plus souvent à bras avec la bouillie calcaire. Le sable doit être aussi exempt que possible de toute matière terreuse et argileuse qui diminuerait la solidité du mortier ; et, lorsque l'on emploie du sable des plages maritimes, il faut l'avoir débarrassé avec soin de tout le sel qu'il peut renfermer. On préfère d'ailleurs le sable de carrière au sable de rivière ou au sable marin en raison de sa forme irrégulière plus propre à favoriser l'adhérence que les surfaces sphériques du sable de rivière.

Les différentes grosseurs de sable employées sont : le sable très fin, le sable moyen et le gravier. Les mortiers sèchent d'autant plus rapidement qu'ils sont plus gros, et la préparation s'opère dans des malaxeurs semblables à ceux que nous avons déjà décrits.

Les anciens connaissaient les mortiers de chaux et de sable. Voici, par exemple la composition des mortiers liant les pierres ayant servi à l'édification d'un temple phénicien, dont on a découvert les ruines à Larnaca dans l'île de Chypre :

Chaux	26,40
Alumine	2,16
Oxyde ferrique	0,99
Magnésie	0,97
Anhydride carbonique	20,23
— sulfurique	0,21
Petites pierres	28,63
Silice et sable	16,50
Sable grossier	3,37
Matières organiques	0,56
Eau	0,54
	100,26

La solidité du mortier de chaux et sable, dont les Romains nous ont laissé de si remarquables spécimens, a donné naissance à un système de construction qui s'est développé, surtout dans les pays où l'argile était peu abondante, notamment dans le nord de l'Europe.

Ainsi le mortier ne sert pas seulement, dans l'histoire du bâtiment, à lier les briques entre elles ou à masquer leur imperfection esthétique, mais il est depuis longtemps leur véritable succédané, témoin les constructions en pisé que le suédois Rydin a fait si brillamment revivre au dix-huitième siècle.

Le reproche capital fait au pisé, et qui, dans une certaine mesure, arrêta son développement, était la lenteur de la prise, subordonnée aux conditions trop variables de l'atmosphère. C'est pour l'éviter qu'on songea tout d'abord à fabriquer d'avance des blocs de béton de mortier.

A cet effet, le mortier était pilonné dans des formes de modèles variables, appropriées à l'architecture, et, pour en hâter la prise, on le couvrait de linges humides ; puis, les formes enlevées, on le mouillait fréquemment et même on l'immergeait complètement. De nombreux travaux de maçonnerie, en France et en Angleterre, furent faits de la sorte.

Ainsi, le mortier de chaux possédait bien en soi les qualités propres à la construction, mais il manquait encore le moyen pratique et économique de l'utiliser, car il ne pouvait être question de fabriquer économiquement des pièces de petites dimensions par la méthode rustique du pilonnage.

Cependant c'est dans cette voie qu'il fallait chercher la solution et c'est là en effet qu'elle a été trouvée, après bien des tâtonnements et bien des insuccès, comme nous le verrons dans le chapitre suivant.

Pour l'instant nous ne nous occuperons que des mortiers à base de chaux et désignés sous l'appellation générale de mortiers hydrauliques.

Les chaux hydrauliques possèdent la remarquable propriété de faire prise sous l'eau tout en l'absorbant sans augmentation considérable de volume.

On peut distinguer :

1° Les chaux hydrauliques naturelles provenant de la calcination de calcaires impurs naturels renfermant de la silice, de l'aluminium, de la magnésie, etc.

2° Les chaux hydrauliques artificielles imaginées par

Vicat qui proviennent de la calcination de calcaires auxquels on associe une certaine proportion d'argile ou de silice. C'est l'étude des chaux hydrauliques naturelles qui a pu permettre la découverte des conditions nécessaires à l'existence des propriétés hydrauliques dans un calcaire et par suite leur reproduction artificielle.

Les calcaires hydrauliques naturels ont une composition qui peut être résumée par quelques exemples dans le tableau suivant :

	Co^3Ca	$Co^3 Mg$	$Fe^2 O^3$	Argile
Chanay (près Mâcon).	89, 2	3, 0	—	7, 8
Saint-Germain (Ain).	87, 0	0, 5	7, 1	5, 4
Nîmes.	86, 0	5, 0	—	9, 0
Bigna	83, 0	3, 0	—	15, 0
Senouches.	80, 0	1, 0	—	19, 0
Metz.	78, 3	3, 0	4, 0	15, 0 traces de manganèse
Lezoux.	72, 5	4, 5	—	23

On voit que tous ces calcaires renferment une certaine proportion de magnésie, d'argile et par suite de silice et d'aluminium. La silice et le silicate d'aluminium doivent de plus se trouver dans la masse dans un état extrême de division afin d'augmenter dans des proportions considérables les surfaces de contact de la chaux et de la silice.

Il y a, dans ces conditions, combinaison progressive entre ces deux substances fortement hydratées et cela surtout en présence d'eau. Il y aura par suite un durcissement progressif. La magnésie, l'alumine augmentent par leur présence la dureté du produit obtenu, par suite de la formation de silicates complexes plus résistants.

Vicat a classé les chaux hydrauliques en trois catégories.

1° *Les chaux moyennement hydrauliques* faisant prise au bout de 15 à 20 jours d'immersion, mais ne donnant jamais naissance à des produits bien résistants;

2° *Les chaux hydrauliques*, faisant prise du sixième au huitième jour, déjà très dures au bout du sixième jour et atteignant leur maximum de durcissement au bout du douzième jour;

2° Les chaux *excessivement hydrauliques*, faisant prise après 2 à 4 jours d'immersion et atteignant leur maximum de dureté au bout du sixième jour.

L'hydraulicité augmente au fur et à mesure de l'augmentation de la proportion d'argile. Lorsque l'on voudra préparer une chaux hydraulique, on devra tenir compte des proportions suivantes :

	Carbonate de chaux	Argile
Chaux moyennement hydraulique....	89	11
— hydraulique..................	83	17
— très hydraulique.............	80	20

On se sert aussi quelquefois de calcaires magnésiens ne contenant qu'une faible teneur en chaux. Telles sont un certain nombre de chaux anglaises qui jouissent d'une très grande hydraulicité et dont voici deux exemples :

	Chaux hydraulique de Port-Cynfor	Silice d'Hellsmouth
Carbonate de magnésie.......	56,23	15,86
— de chaux..........	33,99	72,23
— ferreux...........	3,85	3,21
Silice....................	5,58	2,70
Alumine..................	2,27	
Eau et matières organiques..	8,10	6,00
	110,02	100,00

La fabrication des chaux hydrauliques naturelles ne diffère pas de celle de la chaux pure. On soumet à une calcination ménagée un calcaire hydraulique de façon à diminuer l'eau et l'acide carbonique qu'il renferme. L'opération se fait dans des fours identiques à ceux de la cuisson de la chaux. Ce sont donc soit des fours intermittents, soit des fours constants, ou bien encore la calcination en tas.

La préparation de la chaux hydraulique artificielle se fait en mélangeant intimement de la chaux grasse et de l'argile sèche, ou mieux du calcaire et de l'argile. On obtient dans ce dernier cas des produits que l'on calcine à la façon d'un calcaire hydraulique naturel. Dans le premier cas, au contraire, la calcination avait naturellement lieu avant le mélange et la méthode s'appelle de première cuisson par opposition à la méthode qui est dite de deuxième cuisson.

Dans le procédé de deuxième cuisson de Vicat on mélange :

Craie de Meudon......................	80
Argile (glaise de Vaugirard)...........	20

On malaxe le tout avec de l'eau dans un mélangeur cir-

culaire au moyen de deux meules verticales, de telle sorte
que la bouillie devienne parfaitement homogène ; on fait
couler alors la masse dans des bassins en maçonnerie où
on l'abandonne en repos. Le dépôt devient lentement
compact et l'eau claire qui surnage est décantée et sert
pour un nouveau mélange. La pâte est alors moulée en
briquettes qu'on laisse sécher au soleil et que l'on calcine
ensuite dans un four identique à ceux qui servent pour
la calcination des pierres à chaux grasse. Il faut néanmoins éviter dans cette calcination de monter à une
température trop élevée, car dans ce cas il pourrait y
avoir vitrification partielle et combinaison alors de la
silice, de l'alumine et de la chaux avec production de silicates inattaquables par l'eau et qui, par suite, ne feraient
plus prise en présence de ce liquide.

Le produit obtenu a la composition suivante :

Chaux	74,5
Silice	16,0
Alumine	8,8
Sesquioxyde de fer	1,5
	100,0

Avec des chaux hydrauliques on peut préparer des
mortiers dits hydrauliques, c'est-à-dire faisant prise sous
l'eau.

On associe fréquemment la chaux à un produit dont
nous avons déjà dit quelques mots, la *pouzzolane*, tuf volcanique ou matière argilo-siliceuse ayant subi artificiellement l'action d'une haute température.

On obtient ainsi des mortiers de plus en plus hydrauliques en employant les mélanges suivants :

(*a*) Chaux grasse et pouzzolane énergique.

(*b*) Chaux moyennement hydraulique et pouzzolane énergique avec ou sans sable.

(*c*) Chaux hydraulique et pouzzolane peu énergique.

(*d*) Chaux éminemment hydraulique et sable.

On voit que les pouzzolanes compensent en partie la non-hydraulicité de la chaux dans ces produits; en effet, la silice se trouve à un état de division extrême, ce qui est, comme nous l'avons vu, une des conditions essentielles et suffisantes de l'hydraulicité.

Les mortiers de terre.

Le mortier de terre est le moins résistant mais le plus économique et le plus simple de tous les mortiers. Il est formé d'une terre aussi argileuse que possible (pétrie ou non avec de la paille ou du foin); on en hourde les maçonneries ordinaires de peu d'importance en moellons ou en briques.

La terre argileuse s'extrait facilement à l'aide de la pioche. Pour l'amener à l'état de mortier, on étale cette terre sur une aire convenablement préparée, on jette dessus de l'eau pour la détremper, et on la réduit en pâte avec la pelle, la pioche ou le rabot.

Pour que le mortier de terre ne se ramollisse pas, on garantit de la pluie et de l'humidité les maçonneries qui en sont hourdées, en les recouvrant, lorsque le mortier est sec et a perdu son humidité, d'un enduit en mortier de chaux ou de plâtre. Ce genre de maçonnerie est employé pour les ouvrages grossiers, hangars, maisons rurales et murs de clôture, dans les pays où l'on a des matériaux bien gisants.

On fait aussi du mortier avec une terre franche composée d'argile et d'une forte proportion de sable ; on l'emploie exclusivement à la construction des maçonneries de briques qui doivent être soumises à l'action du feu (fourneaux de machines à vapeur, etc.).

Le *mortier de terre à four,* qui sert aux fumistes, est un mortier de terre dans la proportion de 2/5, mélangé avec 2/5 de terre calcaire et 1/5 de sable.

Mortiers au carbonate de soude.

Dans les installations hydro-électriques, on a intérêt à exécuter les barrages pendant les basses eaux qui, dans les torrents des montagnes, se produisent en hiver, lorsque les neiges des sommets ne fondent plus ; on est ainsi conduit à maçonner par des températures inférieures à zéro et à ajouter aux mortiers du carbonate de soude.

Voici quelques observations faites à ce sujet pendant l'hiver 1900-1901, sur la ligne de Fayet à Chamonix.

La dissolution de carbonate de soude a été mélangée à trois sortes de mortiers qui seront désignés comme suit :

Mortier n° 1 : 300 kg. de chaux hydraulique et 0^{m^3},900 de sable ;

Mortier n° 2 : 300 kg. de chaux hydraulique, 150 kg. de ciment Vicat et 0^{m^3},900 de sable ;

Mortier n° 3 : 400 kg. de ciment Vicat et 0^{m^3},900 de sable.

Le carbonate de soude employé était celui qu'on trouve communément dans le commerce, c'est-à-dire hydraté. La proportion a varié de 8 à 20 kg. pour 100 l. d'eau. Cette dernière proportion étant employée lorsque la température descendait à 8° au-dessous. La dissolution préparée dans une grande marmite était maintenue à une température de + 50 à + 60°, température suffisante pour obtenir l'entière dissolution du sel.

Certaines maçonneries ont été exécutées avec du mortier n° 2 contenant 8 kg. de carbonate de soude pour 100 l. d'eau.

Ce mortier, employé par des températures variant de — 2° à — 12°, a donné de très bons résultats qui ont été en partie contrôlés par l'expérience suivante :

4 briques d'essai de 0,30 m. $\times$ 0,20 m. $\times$ 0,08 m. ont été faites :

La première avec du mortier n° 1 sans soude;

La deuxième avec du mortier n° 1 avec soude (8 kg. pour 100 l. d'eau);

La troisième avec du mortier n° 2 sans soude;

La quatrième avec du mortier n° 2 avec soude (8 kg. pour 100 l. d'eau).

Ces 4 briques, exécutées le 28 novembre 1900, passèrent l'hiver sans être protégées contre le froid, la température la plus basse a été de —30°.

Au mois de mars 1901, ces briques vinrent à tomber accidentellement d'une hauteur de 45 m.

La brique n° 4 résista au choc et fut seulement légèrement écornée.

Les briques 1, 2, 3 furent brisées en morceaux. Les morceaux des briques 2 et 3 présentaient néanmoins une certaine consistance, mais ceux de la brique n° 1 s'écrasaient à la pression de la main.

Une autre expérience a été faite. Deux témoins en mortier n° 3, l'un avec soude, l'autre sans soude, ont été exécutés par une température de — 18°; ils ont subi dans les quelques jours qui ont suivi leur exécution un froid allant jusqu'à — 30°. A la fin de l'hiver, après le dégel, le mortier avec soude était solide, alors que celui sans soude se désagrégeait facilement[1].

1. *La Revue Industrielle*, mars 1902.

CHAPITRE VI

LES BRIQUES DE SABLE.
AGGLOMÉRÉS SILICO ET ARGILO-CALCAIRES.

Les architectes et les entrepreneurs de maçonnerie vont avoir d'ici peu à leur disposition un produit entièrement nouveau, qui a déjà pris une très grande extension en Allemagne et se répandra certainement dans tous les pays pauvres en argile et riches en sable, où il est difficile de se procurer la glaise, tandis que la silice et le calcaire sont abondants. Ce produit, c'est la brique sablo ou silico-calcaire, en mortier moulé et durci, non par cuisson, mais par action de la vapeur d'eau.

Les premiers essais dans cette voie ne remontent guère qu'à la première moitié du dix-neuvième siècle et sont dus au docteur Bernhardi d'Eilembourg, qui imagina un modèle de presse (encore exploité actuellement par Draenert à Halle-sur-Saale), qui permettait de comprimer du mortier dans des moules en bois du format des briques ordinaires. Cette première presse, en bois, fut bientôt améliorée, et on substitua un modèle en fer et à levier, qui fut très apprécié. La brique de mortier, moulée à l'aide de cette presse, eut également un certain succès, malgré sa composition peu homogène, et les rapports du temps disent que les bâtiments qui furent édifiés à l'aide de cette brique avaient bon aspect, se conservaient bien, et réalisaient toutes les conditions que doit présenter une habitation saine et sèche.

Une autre usine fut fondée vers 1870 à Ferch, près de Potsdam, qui fabriqua des briques de sable et de chaux hydraulique comprimées au moyen d'une presse hydraulique. Il existe même encore en Suisse un certain nombre d'usines qui produisent des briques sablo-calcaires par la méthode primitive. C'est-à-dire qu'après avoir été moulées, ces briques sont exposées à l'air pendant plusieurs mois pour acquérir la dureté nécessaire ; mais on comprend que ce procédé suranné présente de nombreux inconvénients qui sont pour la plupart identiques à ceux qu'on rencontre dans la fabrication des briques d'argile, notamment la longue durée du séchage (durcissement), les grandes surfaces de terrain nécessaires et l'arrêt de la production en hiver. A ces inconvénients s'ajoute encore l'imperfection du produit obtenu, particulièrement son insuffisante résistance pour beaucoup de travaux.

Mais, de même que la cuisson des briques d'argile a considérablement abrégé la durée de leur fabrication, la remarquable découverte du procédé de durcissement rapide de la brique sablo-calcaire a, d'un seul coup, placé celle-ci au premier rang des matériaux artificiels de construction.

En résumé, dans l'histoire du bâtiment, on voit se succéder le bois, la brique séchée à l'air, la brique cuite et la brique de mortier. Cette dernière est à son tour un progrès sur le passé et sa formule industrielle désormais trouvée, elle ne tardera pas, par ses qualités supérieures, à jouer le rôle principal dans les constructions modernes de tous les pays.

Le premier qui songea à employer une méthode industrielle pour la fabrication de la pierre artificielle (ou de mortier) fut le docteur Zernikow, qui se proposa de fabriquer un mortier de qualité parfaite, capable d'être ensuite mis en forme ou moulé. Son procédé, breveté en 1877, consistait à éteindre d'abord la chaux par simple arrosage dans un récipient à double enveloppe pourvu d'un malaxeur. Une fois cette opération terminée, il ajoutait le sable à la chaux éteinte et mettait le malaxeur en mouvement, en introduisant de la vapeur d'eau sous pression dans le mélange. Simultanément, la vapeur à la même pression était admise dans l'enveloppe annulaire du récipient, et la pâte ou bouillie brassée était cuite de cette façon pendant plusieurs jours. Elle était ensuite transférée dans un bassin spécial d'évaporation où elle séjournait quelque temps avant d'être coulée en forme ou pressée.

Quelques années plus tard, en 1885, Zernikow imagina d'opérer l'extinction de la chaux en enfermant le mélange de sable et de chaux vive pulvérisée dans des moules en fer dont le couvercle était percé de trous. Ces formes étaient exposées pendant trois jours environ dans la vapeur d'eau sous une pression de 3 à 4 atmosphères, puis les moulages étaient sortis et exposés à l'air où ils continuaient à se durcir. C'était là en somme un mortier comprimé, mais la fabrication était longue et compliquée.

Cette méthode ne servait d'ailleurs qu'à préparer des

grosses pièces, blocs et pierres de taille, dont le débouché était trop limité. Il parut alors plus intéressant de fabriquer des briques, mais le procédé était inapplicable économiquement et, au lieu d'un moule par pièce, on songea à se servir d'une grande forme dans laquelle l'aggloméré était divisé par des planchettes qui le découpaient dans les dimensions désirées.

Toutefois, ces diverses modifications plus ou moins ingénieuses ne pouvaient espérer aucune sanction pratique et laissaient d'ailleurs la question principale subsister entièrement ; ces procédés étaient trop incommodes ou onéreux pour réussir et il faut arriver à ces dernières années pour trouver des applications vraiment industrielles du procédé Zernikow.

Deux moyens furent successivement employés pour arriver au durcissement parfait par l'action de la vapeur d'eau sur le mortier. D'abord, le système par *basse pression*, breveté en 1882 par Cressy, amélioré par Neffgen en 1894 et perfectionné en 1898 par Chr. Meurer ; et celui par *haute pression*, breveté par le Dr Michaëlis en 1880, modifié en 1897 et 1899 par Kléber et employé aujourd'hui par Olschewski, Schwartz et la Société Croizier qui exploite le système Girard-Meurer. Nous n'examinerons, dans ce chapitre, que ces trois procédés de fabrication, qui restent seuls en présence actuellement.

Procédé Olschewski.

M. Olschewski est un ingénieur allemand qui s'est spécialement consacré à l'étude des matériaux artificiels. Ayant acquis un brevet Pfeiffer pour l'extinction de la chaux en vase clos, il améliora progressivement les dispositifs employés et parvint à obtenir des résultats absolument industriels, aussi son procédé s'est-il beaucoup répandu, notamment en Allemagne.

La première idée de M. Olschewski fut de soumettre les moulages à un séchage et à un chauffage par de l'air chaud, exempt d'acide carbonique, avant de les exposer à l'action de la vapeur sous pression, en même temps que l'extinction de la chaux vive était obtenue, pendant l'opération de durcissement, par l'effet de la vapeur condensée. Ce procédé qui est, en somme, la fusion des méthodes de Michaëlis et de Pfeiffer, n'avait de nouveau que le séchage, consécutif au moulage séchage particulièrement délicat, puisque l'air chaud employé devait être, au préalable, débarrassé de son acide carbonique. Mais c'était là une complication et un correctif onéreux et empirique au défaut initial de l'imparfaite préparation du mortier. Aussi, M. Olschewski, reconnaissant ces inconvénients, ne tarda-t-il pas à modifier cette méthode par l'adjonction d'un tambour tournant ou « trommel » pour l'extinction parfaite de la chaux vive. Cette chaux est brassée avec la quantité d'eau chaude strictement nécessaire, et son hydratation étant convenablement opérée, on lui ajoute la proportion de sable nécessaire pour constituer le mortier. Le tambour tournant Olschewski donne le moyen d'éteindre complètement et parfaitement la chaux en vase clos, et, comme tel, sa valeur est incontestable pour la fabrication du mortier à briques. Aussi cette méthode perfectionnée est-elle suivie dans de nombreuses usines qui ont acquis les licences des brevets Olschewski, et les briques fabriquées suivant ce système sont-elles très employées dans beaucoup de régions de l'Allemagne. En France, une briqueterie vient d'être organisée à Berck-sur-Mer, et il est question d'en monter d'autres au Havre et dans les environs de Paris.

Procédé Schwartz.

Quelque temps après que le chimiste allemand Meurer eut pris son premier brevet sur ce sujet, un nommé Schwarz prit un brevet en France pour une méthode de préparation des briques de grès dans lequel il revendiquait la nécessité du séchage préalable des matières premières employées, qui sont ensuite mélangées en proportion convenable, ces deux opérations devant être effectuées dans un autoclave où le vide est fait à l'aide d'une pompe. La formation du silicate avait lieu ensuite par addition d'une quantité déterminée d'humidité à la chaux *séchée* et *pulvérisée* (chaux anhydre).

Dans deux brevets ultérieurs, M. Schwarz garantit un dispositif pour humecter les produits pendant la période de durcissement et un dispositif de chauffage et d'humidification de ces produits à l'intérieur d'un récipient mélangeur, permettant de préparer et mélanger les matières premières à l'intérieur d'un seul et unique appareil.

Le procédé Schwartz consiste donc à produire les objets en grès artificiel, briques, etc., au moyen de vapeur sous pression, et il est caractérisé par le mélange intime de chaux vive pulvérisée avec du sable sec et chauffé qu'on arrose d'autant d'eau chaude à une température supérieure à 100 degrés qu'il est nécessaire pour l'hydratation, après quoi cette masse est étendue dans un réservoir clos jusqu'à extinction complète de la chaux. On profite de l'excès de chaleur dégagée pendant cette extinction pour chauffer le mélange avant le moulage.

Ce principe est avantageux en certains points, mais on ne s'explique pas bien en quoi consiste le séchage de la de la chaux ajoutée puisqu'il est question, dans le libellé du premier brevet mentionné plus haut, de chaux « pulvérisée » et par conséquent anhydre. D'autre part, le séchage et le malaxage dans le vide ne sont pas des moyens opératoires connus et l'adjonction d'une pompe à air à l'autoclave constitue encore une complication.

En résumé, il est difficile de formuler une opinion certaine sur la valeur des idées de Schwartz comparées aux autres systèmes, car il n'existe encore aucune fabrique en France où ce système soit exploité, et, quant à comparer entre eux des échantillons venant de l'étranger, l'absence de contrôle sur leur préparation laisserait subsister trop d'équivoques sur les résultats.

Valeur comparée de la brique d'argile et de la brique de grès.

Quiconque s'est rendu compte une fois de la nature technique de la brique de grès désignée aussi sous le nom de brique de sable, reconnaît, sans difficulté, que cette sorte de pierre, fabriquée avec du sable et de l'hydrate de chaux soumis après moulage à la vapeur d'eau sous pression, n'a pas seulement une importance éphémère, mais qu'elle représente, en fait, un genre de matériaux durables.

Il reconnaîtra également qu'en raison de ces qualités techniques, qualités qui la font de beaucoup supérieure à la brique d'argile, cette brique ou pierre durcie par la vapeur est appelée à remplacer l'ancienne dans la construction, comme, en fait, la brique d'argile s'est jadis substituée au bois, qui était la matière essentielle des premières constructions.

Cependant cela ne veut pas dire que la brique d'argile puisse être complètement supplantée; elle se maintiendra parallèlement à la brique de grès, comme la construction en bois s'est maintenue jusqu'à présent en face de la brique d'argile.

De même que la construction en bois est demeurée prééminente dans quelques pays tels que, par exemple : sur les hauteurs richement boisées de la Forêt Noire, dans les Alpes, la Suède et la Norwège et surtout dans le Texas, où la brique est pour ainsi dire inconnue, de même, la brique d'argile, dans l'avenir, se maintiendra partout où les conditions de sa fabrication seront plus favorables que celles des briques de grès. Mais il n'y aura cependant que les briques de bonne qualité qui pourront soutenir la concurrence; les autres devront disparaître, au grand avantage, d'ailleurs, de l'aspect et de la valeur des constructions.

Lorsqu'il y a quelques années, en Allemagne, l'attention des milieux techniques fut attirée sur les briques durcies à la vapeur, celles-ci furent tout d'abord, d'une manière générale, considérées comme un succédané des briques d'argile. Des hommes de métier émirent des jugements tendant à laisser croire que le nouveau produit ne pourrait jamais arriver à égaler l'antique brique d'argile, et les organes techniques se hâtèrent de reproduire et de répandre ces appréciations. Les briquetiers de leur côté ne manquèrent pas, cela se comprend, de seconder ce mouvement dans l'espoir d'arrêter dans l'œuf, si possible, le développement de cette concurrence naissante.

L'opposition de ces fabricants fut surtout remarquée au mois de février 1899, à l'Assemblée générale de la puissante Association allemande des industries concernant l'argile, le ciment, et la chaux, lorsque l'ingénieur-chimiste Chr. Meurer fit connaître, dans un rapport long et documenté, les avantages des pierres de grès, comme matériaux de construction, comparées à la brique d'argile.

Cette opposition ne devait toutefois pas persister, en présence des résultats qui, peu à peu, vinrent influencer l'opinion et opérer chez elle un revirement favorable. Déjà, dans le journal *Bauhütte*, le rédacteur en chef. M. Rodolphe Vogel, faisait paraître un article sur la « Brique de grès », lequel fut considéré, avec juste raison, comme tout à fait impartial. Après avoir fait un parallèle entre les deux matériaux de construction, la brique d'argile et la brique de grès, il condensait, dans les points suivants, les avantages de la seconde sur la première :

« 1. Plus grande résistance, par conséquent économie dans la construction, par l'emploi de murs moins épais ;

« 2. Régularité de forme interdite aux briques d'argile cuite ;

« 3. Construction plus rapide et plus économique ;

« 4. Aspect plus seyant ;

« 5. Suppression possible du crépissage extérieur des façades, et même des murs intérieurs ;

« 6. Remplacement de la pierre de taille, à un prix considérablement moindre ;

« 7. Fabrication économique comparée à celle de la brique d'argile. »

Et M. Vogel continuait :

« En présence de tels faits, le développement de la pierre de grès ne peut être que rapide et cela, d'autant plus, qu'elle se présente avec des qualités fixes, stables et régulières qui sont des éléments de sécurité et d'esthétique emportant nécessairement la con-- fiance. »

Dans un autre article de la *Technische Rundschau* de la même époque, le rédacteur de ce journal s'est excusé d'avoir porté un jugement prématuré sur le nouveau produit, et de ne lui avoir pas reconnu les mérites qui le caractérisent, et il ajoute : « Pour la première fois depuis des siècles, la brique d'argile trouve en face d'elle un concurrent des plus sérieux, car la brique de grès ne remplacera pas seulement la brique de terre cuite là où l'argile et le charbon sont chers, mais la brique d'argile, dans l'avenir, ne pourra venir en question que là où la chaux et le sable n'existent pas, ou ne sont pas à une proximité suffisante. »

En dépit des difficultés de la première heure, on a appris assez rapidement en Allemagne à connaître, dans les milieux techniques, la valeur de ces nouveaux matériaux, après avoir pratiquement expérimenté et on en vient, peu à peu, à les préférer à l'antique brique d'argile. L'industrie nouvelle a pris, d'ailleurs, chez nos voisins, assez de développement pour que les concurrents aient abandonné, d'une manière générale, une lutte inutile, et leur Syndicat a même ouvert ses rangs à un fabricant de briques de grès, semblant ainsi manifester le désir d'union qu'il juge, sans doute, plus profitable à ses intérêts qu'un antagonisme dangereux pour son avenir. Bien plus, un groupe de fabricants de briques de terre cuite de Hongrie a récemment décidé de monter en commun une grosse usine pour la fabrication de la pierre de grès.

Les choses ne sont pas aussi avancées en France, mais le produit nouveau vient, cependant, d'y prendre pied, comme nous allons le voir, car une usine a été organisée pour fabriquer la brique de grès d'après le nouveau procédé français Girard-Meurer. Et l'on peut supposer que les choses se passeront dans notre pays comme elles se sont passées en Allemagne et que la nouvelle industrie fera de rapides progrès quand les intéressés auront été mis à même d'apprécier la valeur respective des matériaux en concurrence : la brique de grès silico ou argilo-calcaire comparée à la brique d'argile cuite.

Procédé Girard-Meurer.

C'est le chimiste Chr. Meurer qui a indiqué la méthode rationnelle de procéder pour obtenir des briques silico-calcaires de bonne qualité. Cette méthode consiste dans les opérations suivantes :

1. Séchage et chauffage du sable employé.

2. Malaxage de la chaux vive pulvérisée avec le sable chaud et extinction par addition d'eau chaude sous pression, finement divisée en quantité chimiquement suffisante pour obtenir l'hydratation ;

3. Deuxième addition d'eau chaude, divisée et dosée dans le mélange chaud pour opérer le moulage ;

4. Moulage par la presse, à la suite duquel l'eau hygroscopique disparaît complètement par évaporation immédiate ;

5. Durcissement du produit obtenu par séjour dans un milieu de vapeur d'eau saturée ou surchauffée à haute pression.

Cette invention, brevetée en 1899, réalise, mieux qu'aucune de celles qui l'ont précédée dans la même voie, les conditions essentielles d'une fabrication scientifique et rationnelle ; c'est un procédé opératoire qui permet d'obtenir industriellement, et à bas prix, des produits toujours réguliers, en même temps que l'emploi d'un matériel mécanique restreint et de fonctionnement quasi automatique, c'est-à-dire avec une main-d'œuvre réduite.

Mais on remarquera que les deux seules matières employées pour fabriquer cet aggloméré sont le sable et la chaux. Or, M. Girard, le chimiste français bien connu, a découvert récemment que l'argile crue subissait, comme le sable, l'action de la chaux dans un milieu de vapeur d'eau sous pression, et cette découverte est venue très heureusement enrichir la technique de cette fabrication.

En effet, en agissant, dans des conditions convenables, sur un mélange de chaux grasse, d'argile et de sable, M. Girard a constaté que l'argile se combine à la chaux à un tel point, qu'elle est complètement transformée et qu'à l'analyse, après traitement, on ne trouve plus que des hydrosilicates de chaux, d'alumine et de fer entièrement solubles dans l'acide chlorhydrique.

Par ce procédé, breveté en 1900, le durcissement de l'aggloméré se trouve notablement facilité et sa durée est beaucoup augmentée. La dureté est également bien plus considérable que sans addition d'argile ou, à son défaut, d'alcalis caustiques. Cela tient à la propriété que possèdent les hydrates de chaux d'attaquer l'argile beaucoup plus rapidement que le sable, dans les mêmes conditions de température et de pression.

Mais, avant de décrire le matériel et l'outillage de l'usine d'Asnières, il nous paraît indispensable de montrer en quoi les briques argilo-calcaires diffèrent des briques d'argile connues de temps immémorial ainsi que des briques de grès fabriquées actuellement en Allemagne.

En ce qui regarde la fabrication proprement dite des agglomérés argilo-calcaires, elle est aussi différente de la fabrication des briques d'argile que la composition même des deux produits. Ici les machines remplacent presque complètement la main-d'œuvre humaine. Plus d'hivernage pour ameublir l'argile, plus de taillage, de lavage, d'humectage, de dégraissage, de corroyage, de moulage à la main, d'étirage, de rebattage, de séchage ; par conséquent plus de manipulations pendant et entre ces diverses phases, à la fabrication normale de la brique d'argile. Enfin plus de cuisson exigeant une certaine habileté [professionnelle et donnant des produits de qualités différentes pour une même opération. Du sable, de la chaux pulvérisée et une très petite quantité additionnelle d'argile crue, mélangés convenablement et additionnés d'une minime quantité d'eau, représentent, pour les agglomérés argilo-calcaires, les éléments constitutifs du produit, et il suffit de les comprimer à la presse et de les soumettre ensuite à l'action de la vapeur d'eau pour obtenir les matériaux dont nous avons énuméré plus haut les principales qualités.

Cette chose en apparence si simple est cependant le résultat d'études prolongées, auxquelles sont attachés les noms de chimistes éminents, car nous retrouvons ici à peu près toutes les théories sur les mortiers et les ciments, augmentées des recherches sur l'action de la vapeur d'eau, qui est la découverte capitale d'où est née la fabrication nouvelle fixée par les procédés Girard-Meurer.

L'aggloméré argilo-calcaire est un mortier hydraulique durci par la vapeur d'eau sous pression. Telle est la définition de ce produit, mais il convient de faire certaines distinctions importantes qui portent sur l'état des matières en présence et leurs proportions relatives. Dans les agglomérés argilo-calcaires, la chaux employée est de la chaux grasse, la plus riche possible en Ca O et l'argile est ajoutée sous forme de poudre non calcinée, par conséquent crue. On pourrait peut-être en déduire que l'on constitue ainsi une chaux hydraulique, mais ce serait inexact; car, d'une part, la faible quantité d'argile ne fournirait qu'un indice à peine égal à 0,03 et, d'autre part, la haute température nécessaire à la combinaison

(1 200° à 1 600° C.) n'existe pas, puisque le seul agent calorifique employé est de la vapeur d'eau. Cependant, les produits obtenus sont nettement hydrauliques, ce qui montre que le rôle de l'argile est bien différent. On voit donc, par ce qui précède, que le mortier constitutif des agglomérés argilo-calcaires a d'autres propriétés que le mortier ordinaire hydraulique, propriétés qui se manifestent par le traitement spécial auquel ce mortier est soumis. Toutefois la différence entre les deux mortiers s'accentue bien davantage si l'on considère les proportions des divers éléments entrant dans leur composition.

Composition des matières. — Dans le mortier hydraulique ordinaire, la chaux hydraulique (en pâte) et le sable sont dans le rapport 1 : 2,5 et de 1 : 3 au plus, en règle générale, pour les mortiers riches. D'autre part, l'eau nécessaire pour le gâchage de la chaux en pâte ferme varie, suivant les sortes, de 50 à 83 % et il faut ajouter en outre l'eau de gâchage du mortier, qui dépend de la nature du sable et du dosage en chaux, mais qui est comprise entre 16 et 64 %.

Dans le mortier constituant la matière première de ces agglomérés argilo-calcaires, la chaux est employée vive et pulvérisée, dans le rapport de 1 : 10 au plus par rapport au sable, et elle est mouillée seulement de la quantité d'eau nécessaire pour la transformer en monohydrate, soit 30 % environ, puis la masse qui résulte de ce mélange reçoit encore une quantité additionnelle d'eau, égale à environ 7 % de son poids.

Ce sont donc bien deux mortiers distincts. Le premier est fini tel qu'il est fourni par le gâchage, et sa prise se fait par le phénomène de l'hydratation à l'air du silicate double de chaux et d'alumine, tandis que le second doit être en outre comprimé et soumis à l'action de la vapeur sous pression, pour durcir et constituer l'aggloméré.

Le premier exige de plusieurs semaines à plusieurs mois pour offrir une résistance convenable, le second atteint en quelques heures un degré de résistance supérieur.

La caractéristique du procédé Meurer est l'emploi de matières sèches, ce qui permet de doser exactement et mathématiquement l'eau additionnelle nécessaire, d'une part, pour l'extinction de la chaux au cours du mélange et, d'autre part, pour mouiller la masse et la rendre suffisamment plastique pour être moulée.

Un autre caractère qui, combiné avec le premier, constitue l'invention brevetée, est l'emploi simultané de sable chaud et d'eau chaude dans le mélange, ce qui a pour effet de faciliter et de hâter l'hydratation de la chaux en même temps que de favoriser la prise après le moulage, en déterminant une véritable cristallisation.

D'un autre côté, la caractéristique du procédé Girard est l'addition, au mélange de sable et de chaux, d'une certaine proportion très faible d'argile crue, dont la présence a pour résultat, d'une part, d'augmenter la plasticité du mortier, ce qui facilite le moulage et donne une élasticité d'application considérable, et, d'autre part, de présenter un corps facilement attaquable par l'hydrate de chaux sous l'action de la vapeur d'eau sous pression. Cette facilité d'attaque de l'argile a pour résultat économique d'abréger de moitié la durée de l'étuvage par rapport aux autres procédés.

Le mortier préparé suivant ces deux procédés réunis fournit des moulages déjà résistants au sortir de la presse et qui peuvent être exposés ensuite directement à l'étuvage, pendant lequel ils se solidifient complètement, de telle sorte qu'ils peuvent être employés dans la construction immédiatement après.

Cette solidification s'opère par la combinaison de l'hydrate de chaux avec la silice et l'alumine de l'argile en silicate double de chaux et d'alumine, qui cimente les grains de sable entre eux et forme ainsi un bloc de pierre homogène de composition fixe et inaltérable, susceptible d'être maçonné aussi bien à l'air que dans l'eau.

Usine des briques argilo-calcaires d'Asnières.

L'usine pour la fabrication de ces nouveaux produits est érigée sur un terrain situé près de la Seine, à Asnières. Le bâtiment de l'usine occupe une surface couverte de 500 mètres carrés, sur laquelle est réuni tout le matériel mécanique. En arrière se trouve une estacade de 24 mètres de longueur, s'avançant de 6 mètres dans le fleuve, pour permettre l'accostage direct des bateaux en chargement et en déchargement.

Nous avons décrit page 111 *l'élévateur mobile* de l'usine d'Asnières et nous n'y reviendrons pas. Nous ne donnerons pas davantage la description du matériel mécanique employé pour la fabrication des agglomérés et nous nous bornerons à décrire le fonctionnement de cet outillage pour l'obtention des produits.

Le sable déchargé des bateaux est brouetté ou jeté à

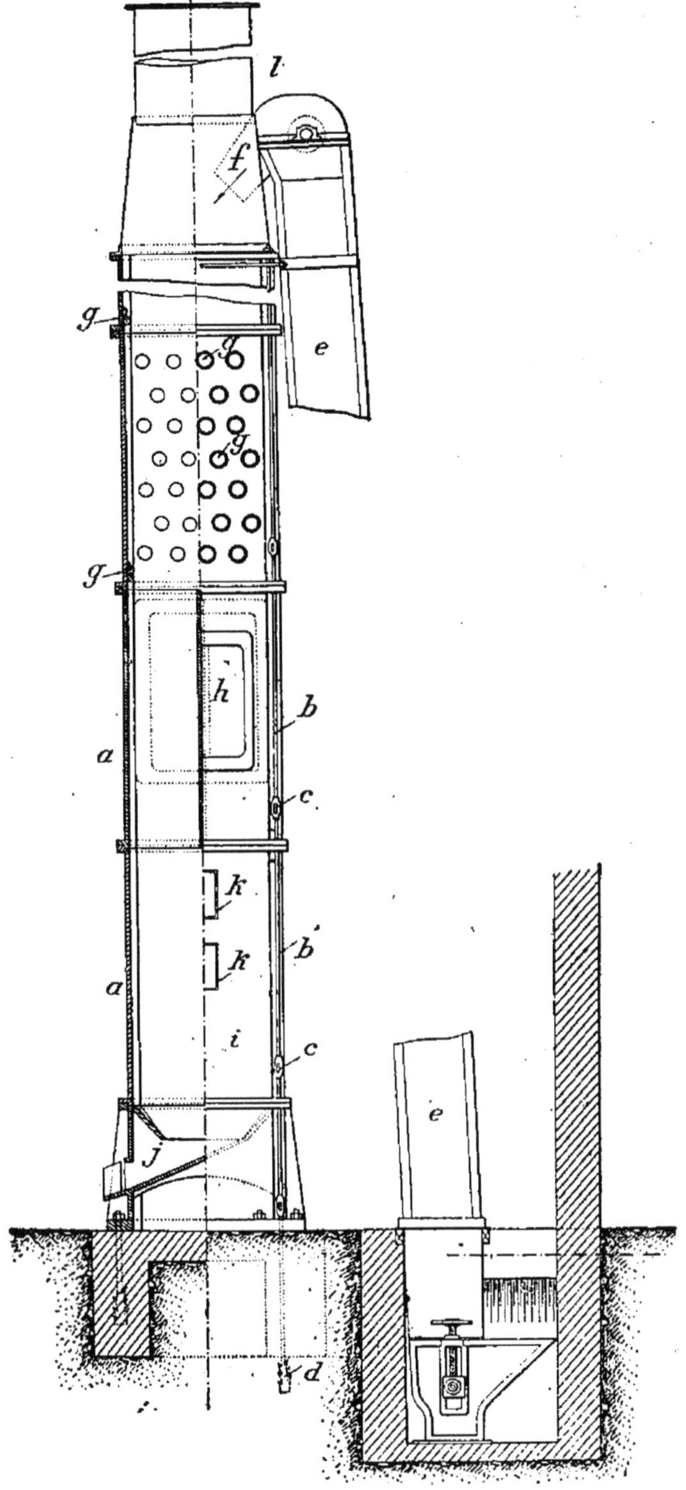

Fig. 74. — Cheminée-élévateur de l'usine d'Asnières.

la pelle dans une grande trémie au niveau du sol, d'une capacité de 6 mètres cubes, qui alimente automatiquement la cuvette d'un élévateur.

Cet élévateur (fig. 74) s'ouvre à son autre extrémité dans la cheminée de l'usine à 20 mètres de hauteur. Le sable y tombe en pluie, à travers des chicanes convenablement distribuées qui en retardent la chute et, comme il rencontre dans son trajet les gaz chauds provenant du foyer ou de la chaudière, il arrive en bas complètement séché et à une température élevée. La cheminée constitue ainsi un séchoir éminemment économique, et, pour que les fumées ne viennent pas salir le sable, la chaudière est pourvue d'une grille mécanique sans fin qui assure la combustion complète du charbon et, par suite, une fumivorité parfaite. Le sable remplit le bas de la cheminée et s'écoule, par une ouverture réglable, dans la cuvette d'un petit élévateur qui le conduit dans un épandeur ou « trommel », suspendu sous le plancher de l'étage. La partie fine tombe dans un couloir incliné qui la dirige dans un caniveau où circule une vis, placée sous une bluterie dont il va être parlé. La partie plus grosse, ou refus, passe dans un broyeur à cylindres réglables à volonté, d'où elle est élevée dans la bluterie. Celle-ci est pourvue de toiles mécaniques donnant trois grosseurs de grains, chacune tombant dans une trémie qui s'ouvre sur le caniveau de la vis. Le refus de la bluterie est renvoyé dans le broyeur. Ce dispositif permet donc d'obtenir trois grosseurs de sable, plus le fin, et de varier ainsi la composition des briques.

La vis du caniveau conduit le sable recueilli dans la cuvette d'un élévateur qui élève la matière dans une batterie de silos placés à la partie supérieure du bâtiment.

Un peu plus loin se trouve, sous l'étage, un *broyeur à boulets* qui sert alternativement à broyer la chaux, l'argile, etc., provenant des compartiments dont nous avons parlé plus haut. La trémie d'alimentation de ce broyeur peut être en charge, ce qui limite le travail de l'ouvrier à son remplissage, et lui laisse le temps de s'occuper d'autre chose.

Un petit élévateur transporte la matière broyée dans un tube finisseur *Dana*, d'où elle sort à l'état de farine d'une finesse extrême. Un autre élévateur la reprend alors et l'élève dans la batterie des silos. La préparation de l'argile exige un séchage préalable, car il est essentiel, nous l'avons dit plus haut, que toutes les matières soient sèches. D'autre part, l'argile doit rester crue, c'est-à-dire qu'elle ne doit pas être calcinée. A cet effet, un séchoir spécial que nous avons décrit plus haut et sur lequel nous ne reviendrons pas, est disposé sous l'étage. Son remplissage s'opère par une manche reliée à la trémie alimentée par l'étage, et le vidage se fait dans une trémie placée au-dessous, qui s'ouvre sur la cuvette d'un élévateur, lequel renvoie l'argile séchée dans le compartiment *ad hoc*, d'où elle sera refusée pour aller au broyeur à boulets et suivre le cycle précédemment décrit.

Par ce qui précède, on voit donc que toutes les matières qui seront nécessaires pour constituer le mortier sont amenées mécaniquement et automatiquement à l'état de poudres sèches dans la batterie de silos, qui doit les distribuer à un appareil des plus importants, qui est le « doseur-mélangeur automatique ». Cet appareil comporte autant de doseurs qu'il y a de silos, et ces doseurs, calés sur un arbre unique, peuvent être débrayés séparément, ce qui permet de réduire à volonté le nombre et la nature des matières qui doivent être traitées. De plus, le débit de chaque doseur peut être réglé par un dispositif très simple, et l'on peut ainsi fixer avec la plus grande exactitude les proportions des substances qui le traversent.

Au-dessous des doseurs, et boulonnée sur leur cadre de support, se trouve une trémie unique, formant corps avec eux, d'une certaine hauteur, et qui va se rétrécissant vers une ouverture inférieure étroite, dont la bride est rapportée sur celle du premier des malaxeurs superposés.

Parallèlement aux ouvertures des doseurs dans la trémie, est disposée une tuyauterie percée de trous, de laquelle tombe en pluie fine l'eau chaude envoyée par une petite pompe commandée par l'arbre des doseurs. Il résulte de ce dispositif que toutes les matières et l'eau qui doit les humidifier tombent du même plan en lames parallèles qui vont se rapprochant et se confondant suivant l'inclinaison de la trémie et qu'arrivées en bas de leur chute, elles sont déjà mélangées intimement. De plus la chaux vive, qui est, nous l'avons vu, dans un état d'extrême division, s'imprègne par affinité de l'eau ambiante et chaque particule s'éteint sous forme de monohydrate. Donc, à l'entrée même des malaxeurs, un mélange préalable est déjà opéré, et il se complète jusqu'à perfection avant de sortir de l'appareil.

Ces malaxeurs sont formés de trois corps superposés communiquant entre eux par leurs extrémités, et ils contiennent deux vis parallèles animées d'une vitesse différentielle, de telle sorte que la masse des matières qu'on peut dès ce moment appeler mortier, chemine d'un bout à l'autre dans un mouvement continu de passage méthodique. La durée du trajet du mortier dans le mélangeur est suffisante pour offrir la garantie la plus absolue d'une extinction complète de la chaux, d'une humidification uniformément répartie et d'une homogénéité parfaite du mortier. D'autre part, les arbres des vis mélangeuses sont creux et parcourus par de la vapeur vive, de sorte qu'une haute température est maintenue dans la masse et assure le résultat définitif. Au sortir de cet appareil, qui forme en réalité une machine complète, dont tous les mouvements sont solidaires, le mortier passe dans la presse.

La presse à agglomérer employée à l'usine d'Asnières est très robuste et donne des pressions considérables. C'est une machine à pression, non à choc, qui fournit cinq briques à la fois, soit 2 000 à l'heure ; chaque pression se produit par conséquent toutes les neuf secondes environ. Or, comme il serait difficile à des ouvriers, même habiles, de desservir la presse dans ces conditions, un dispositif assez ingénieux permet de recevoir les cinq briques à la fois sur une plaque amovible qu'un seul manœuvre peut enlever sans toucher aux briques.

De la table de la presse, les plaques chargées sont disposées sur un plateau-benne placé à proximité immédiate et porté sur une plate-forme tournante montée sur un axe à billes.

Cette plate-forme est entourée d'ailettes disposées au-dessus du sol, ce qui permet à l'ouvrier de les faire tourner avec le pied et de les charger régulièrement sans avoir à bouger. Il y a deux plates-formes devant la presse pour assurer un service continu. Dès que l'un des plateaux est complet, le pont roulant vient l'enlever pour le déposer sur une aire voisine, puis, par une manœuvre inverse, il apporte et dépose sur la plate-forme un plateau vide.

Durcissement. — L'usine comporte trois étuves de dispositions réellement originales. Ces étuves (fig. 75 et 76) qui mesurent 1^m,80 de diamètre et 7 mètres de haut, sont installées dans une grande fosse en maçonnerie de 6 mètres de profondeur. Elles émergent donc de 1 mètre, ce qui facilite beaucoup les manœuvres. Leur fonctionnement est aisé à comprendre : les *plateaux-bennes* chargés de briques sortant de la presse étant descendus dans l'étuve qui peut en recevoir sept, on ferme celle-ci au moyen d'un tampon hermétique et on admet la vapeur à une pression pouvant atteindre 10 kilos par centimètre carré. L'étuvage dure six heures en moyenne, après quoi les plateaux-bennes sont successivement retirés par le pont roulant et transportés au dehors par des wagonnets jusqu'au parc de dépôt où les briques sont mises en stock. Dès ce moment, les briques sont parfaitement dures et possèdent toutes les qualités qu'on est en droit d'exiger de ces matériaux.

La vapeur nécessaire est produite par un générateur multitubulaire Babcock et Wilcox pourvu d'une grille mécanique alimentée directement du compartiment de charbon de l'étage par une trémie et un couloir toujours en charge, de sorte que le rôle du chauffeur se borne à surveiller l'alimentation.

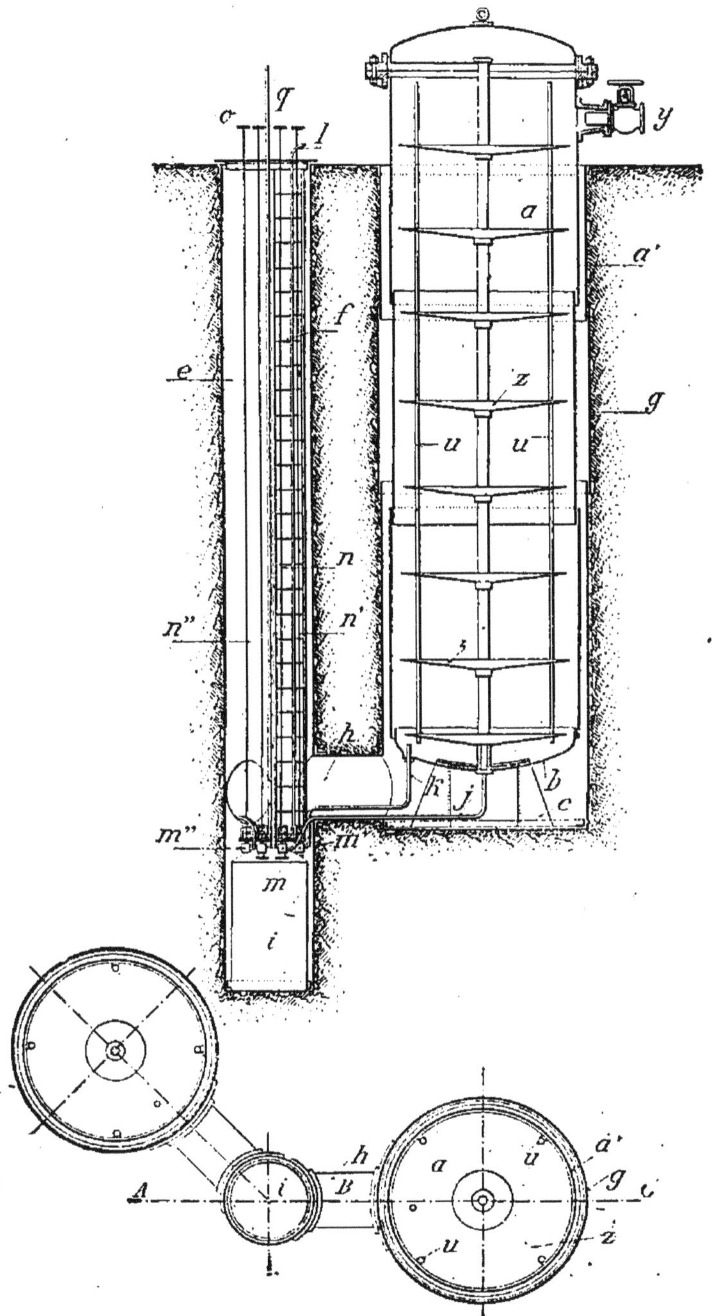

Fig. 75 et 76. — Étuve de durcissement et plan avec le puisard.

La machine à vapeur, alimentée de vapeur surchauffée,

peut développer 90 chevaux, répartis sur les diverses transmissions de l'usine. Quant à l'énergie électrique, elle est fournie par le secteur d'Asnières, sous forme de courant triphasé, à 5 500 volts réduits à 220 volts à l'entrée de l'usine.

CHAPITRE VII

COMPOSITION ET FABRICATION DES CIMENTS.

Les ciments sont des chaux très hydrauliques, se solidifiant très rapidement, en quelques heures, soit au contact de l'eau, soit à l'air. On les obtient généralement par calcination de calcaire dont la teneur en argile doit toujours être supérieure à 10 %.

Le type de ces produits est le *ciment Portland* qui est produit par la mouture de roches scorifiées, obtenues au moyen de la cuisson, jusqu'à ramollissement, d'un mélange intime de carbonate de calcium et de silicate d'aluminium, rigoureusement dosé, chimiquement et physiquement homogène dans toutes ses parties (Cahier des charges de Boulogne).

La composition chimique du ciment est des plus variables, non seulement avec chaque espèce de produit, mais encore, pour ainsi dire, presque avec chaque unité de produit.

Les principaux corps que l'on y rencontre sont :

La silice ;

L'alumine ;

L'oxyde ferrique ;

La chaux ;

La magnésie ;

L'acide sulfurique.

Mais tous ces éléments se mélangent et agissent les uns sur les autres très diversement de manière à former des produits presque inanalysables.

On l'obtient en calcinant des calcaires renfermant de 19 à 25 % d'argile à une température variant entre 1.200 et 1.850°. La prise dure dans ce cas plusieurs heures.

Au contraire, lorsque l'on veut préparer des ciments à prise rapide, il faut cuire à basse température des calcaires très riches en argile, en alumine et en acide sulfurique. On obtient dans ce cas des produits durcissant en quelques minutes.

On obtient enfin des produits intermédiaires en abaissant la température de cuisson de ces mêmes calcaires.

Citons encore, à côté de ces produits fondamentaux et qui seuls existaient autrefois,

Les ciments de grappiers qui sont formés par des fragments de chaux hydraulique réduits en poussière par l'extinction. Ils se rapprochent beaucoup des chaux hydrauliques dont nous avons déjà parlé. Ils ne font prise que très lentement ;

Les ciments mixtes sont des mélanges de matériaux hydrauliques de différentes natures ;

Les ciments additionnés sont des ciments de Portland ou des ciments à prise rapide dans lesquels on incorpore des matériaux adjuvants n'ayant aucune valeur au point de vue de la prise ; ce sont des sables, des pierres, des mâchefers qui en diminuent le prix de revient ;

Les ciments à base de pouzzolane et les *ciments de laitier* feront l'objet d'un chapitre ultérieur.

La fabrication du ciment Portland prend d'année en année une importance de plus en plus considérable. En même temps que l'emploi du ciment se généralise dans les constructions, les recherches chimiques sur la matière deviennent plus nombreuses et conduisent à des idées plus précises sur les procédés de fabrication.

D'une façon générale, dit M. Nihoul, dans une remarquable étude sur les ciments, le durcissement d'une pâte quelconque peut être dû à deux causes bien distinctes :

1° Évaporation de l'eau d'imbibition ;

2° Combinaison de cette eau avec la matière solide délayée.

Dans le premier cas, toute matière solide minérale et même organique, insoluble ou peu soluble dans l'eau forme avec celle-ci une pâte plus ou moins plastique, c'est-à-dire plus ou moins résistante à la pression et à la rupture. La pâte est d'autant plus plastique qu'il y a moins d'eau et que la division du corps délayé est poussée plus loin, ou qu'il se trouve en lamelles plus minces.

Ainsi, par exemple, le sable très fin forme avec l'eau une pâte assez résistante, alors que le sable ordinaire ne s'agglomère pas dans ces conditions. Les argiles forment avec l'eau une pâte d'autant plus plastique que leurs particules sont en lamelles plus minces. On peut former une pâte analogue avec des lames de mica broyées. La plasticité est donc due à l'attraction des surfaces. Multiplie-t-on celles-ci, l'attraction augmente et par suite la plasticité. Ajoutons de plus que, par le travail, le laminage, le moulage, etc., les particules ont une tendance à se disposer parallèlement les unes aux autres, les surfaces en contact augmentent, l'attraction de même ; et si semblable pâte est soumise à la dessiccation, l'évaporation de l'eau rapproche les surfaces des lamelles, la cohésion devient de plus en plus forte, et la pâte desséchée est solide et résistante ; c'est le cas des terres réfractaires.

Lorsque les particules sont de forme quelconque, la cohésion est évidemment inférieure. Un moyen employé pour l'augmenter consiste à mélanger dans la pâte des grains de différentes grosseurs. Les petits viennent alors occuper les interstices laissés par les gros ; les surfaces de contact sont augmentées et par suite la cohésion ; c'est le cas des mortiers ordinaires ; ils deviennent d'autant plus durs que les particules ont une forme s'écartant davantage de la forme sphérique.

Toutefois, la résistance des mortiers desséchés est beaucoup inférieure à celle des produits argileux, les particules qui les constituent étant irrégulières et non lamellaires, comme c'est le cas pour les argiles. Ceci s'entend, toutes choses égales, bien entendu, et abstraction faite des réactions chimiques qui peuvent se produire pendant le durcissement.

Toutes ces pâtes durcissent par suite de l'évaporation de l'eau d'imbibition et subissent conséquemment le phénomène du retrait, c'est-à-dire se contractent par suite de la disparition totale ou partielle de l'eau de gâchage.

La combinaison de l'eau avec les matières gâchées peut aussi donner naissance au durcissement du produit. Les substances chimiques peuvent se combiner avec l'eau de deux façons :

1° Elles peuvent former avec elle un corps complètement nouveau ; la combinaison est alors très vive, accompagnée de chaleur, etc. Le corps mis en présence de l'eau a dans ce cas pour le dissolvant une affinité telle qu'il se combine avec lui avant toute dissolution préalable ; tel est l'exemple de la chaux et de la baryte. Ces corps, en se combinant avec l'eau, augmentent considérablement de volume et se désagrègent.

2° Il peut se faire que le corps, tout en pouvant entrer en combinaison avec l'eau, soit susceptible de s'y dissoudre préalablement ; c'est le cas des sels anhydres tels que $Cu\,So^4$, $Na^2\,So^4$, etc.

Par évaporation de leurs solutions, ces corps cristallisent avec de l'eau ; celle-ci est dite de cristallisation, et la combinaison est appelée combinaison moléculaire.

Si l'on pouvait dissoudre du sulfate de chaux ou du sulfate de cuivre anhydre dans la quantité d'eau voulue pour que, par combinaison de cette eau avec la quantité de sel anhydre en solution, il se forme exactement $Ca\,So^4 + H^2O$ ou $Cu\,So^4 + 5\,H^2O$, il est de toute évidence que le mélange d'abord pâteux se solidifierait complètement. En réalité la chose est rarement possible, ces corps n'étant généralement pas assez solubles. Pour obtenir leur dissolution complète, on est le plus souvent obligé d'employer un excès d'eau ; alors se pose la question suivante : le corps hydraté est-il plus soluble ou moins soluble dans l'eau que dans le sel anhydre ?

Dans le premier cas, il ne pourrait évidemment être question de durcissement. Dans le second, au contraire, le durcissement se produira d'autant plus rapide et plus parfait que la différence de solubilité entre le sel anhydre et le sel hydraté sera plus forte, et c'est généralement le cas, à froid, des composés dans lesquels l'eau existe sous forme de combinaisons moléculaires.

Les matières premières employées pour la fabrication du ciment de Portland sont des calcaires tantôt argileux dont la cuisson donne dans ce cas des ciments naturels, tantôt purs et il faut alors les mélanger avec des argiles pour obtenir des ciments artificiels. Il est, dans l'un et l'autre cas, nécessaire d'avoir des carrières présentant des produits de constitution homogène ; les carrières sont exploitées, suivant le cas, soit à ciel ouvert, soit en galeries.

Les propriétés générales des ciments varient beaucoup avec la provenance des matières premières qui ont servi à leur préparation. Par exemple, la couleur des ciments romains passe souvent du jaune au brun tandis que les ciments Portland sont plus particulièrement gris-bleuâtre. Au contraire, les ciments de laitier affectent une couleur blanc sale.

Un ciment bien préparé doit être lourd ; son poids moyen peut atteindre de 1.300 à 1.400 kilogrammes le mètre cube non tassé, suivant les ouvrages auxquels il est destiné, quelques-uns demandent plus de solidité que les autres. Un ciment dont le mètre cube ne pèse pas plus de 1.000 à 1.200 kilogrammes est considéré comme un produit de qualité inférieure.

Pour se bien rendre compte de la qualité d'un ciment, il faut examiner d'abord séparément celle des produits qui ont servi à le former. Les produits hydrauliques que l'on emploie doivent être pulvérisés très finement et les grains que forme cette poudre ne doivent pas présenter un diamètre de plus d'un millimètre. Dans le cas contraire, ce serait la preuve d'un blutage défectueux.

Plus la poudre est fine, plus la prise du ciment est

facile et rapide. De cette finesse, dépend un peu aussi la perméabilité et la porosité du ciment ; cependant, son influence n'est pas ici considérable.

La résistance d'un ciment varie aussi avec la finesse du produit : elles augmentent ensemble. Les ciments les mieux préparés ne savent pas toujours résister aux agents expansifs, gaz qui se développent à l'intérieur, formant des bouffissures et des vides.

Cependant, ici encore, les ciments très fins se dilatant plus régulièrement sont susceptibles de redevenir bons après un repos plus ou moins long avant leur emploi, tandis que les ciments moins fins foisonnent irrégulièrement, ce qui produit des fissures irréparables. La densité des ciments en général oscille autour du nombre 3.

Il suffit, pour obtenir un ciment de Portland (c'est-à-dire à prise lente), ou calcaire à chaux-limite de Vicat, de cuire jusqu'à commencement de ramollissement un composé renfermant :

Argile......................	21 à 23 %
Carbonate de chaux............	79 à 77 —

Les mélanges peuvent être préparés de différentes façons :

Procédé de Vicat ou par double cuisson. — On prépare d'abord une chaux grasse par calcination d'un calcaire. Cette chaux éteinte et blutée est alors mélangée intimement et en proportions parfaitement déterminées avec un calcaire fortement argileux préalablement desséché, concassé et pulvérisé. Le mélange est alors délayé dans de l'eau, moulé en briquettes et calciné.

Ce procédé n'est plus guère employé que dans l'usine

de Vif pour la fabrication du ciment de Portland Vicat artificiel.

Procédé par voie humide. — C'est le procédé le plus simple et le moins coûteux. On délaie le carbonate de chaux et l'argile avec une grande quantité d'eau et le mélange est rendu aussi intense que possible en faisant passer de la boue très claire à travers une toile métallique à mailles très serrées. De là, la pâte est amenée dans des bassins dits bassins doseurs, où une analyse rapide d'un échantillon permet de reconnaître et de modifier s'il est nécessaire la composition du produit, enfin la pâte est séchée soit par évaporation à l'air libre, soit en utilisant les gaz chauds qui s'échappent des fours. (Voy., chap. II, les *Séchoirs*.)

Fabrication du Portland artificiel par les méthodes modernes.

Depuis quelques années, la fabrication du ciment Portland tend à s'améliorer et à entrer dans la voie scientifique ; de nombreux perfectionnements ont eu lieu, notamment en ce qui concerne les fours, appareils de broyage et de blutage. Cependant, et malgré ces perfectionnements, la fabrication restant grevée de frais de main-d'œuvre élevés, les Américains ont-ils tenté de la supprimer en grande partie par l'emploi des fours rotatifs dans lesquels la matière délayée ou en poudre arrive à une extrémité du tube et sort cuite par l'autre.

Ransomme, le premier, installa un de ces fours en Angleterre en 1881, où il eut peu de succès.

Cette idée fut reprise aux États-Unis, où un assez grand

nombre de fours furent essayés : les fours Worner, Giron, Stokes, Hurry et Seaman, Navarro, etc. La combustion était assurée soit à l'aide de pétrole pulvérisé, soit à l'aide de poussière de charbon injectée dans le tube cuiseur.

Tous ces fours, basés sur un principe excellent, eurent néanmoins peu de succès ; les brûleurs à charbon et les injecteurs à pétrole étaient difficilement réglables la chemise du tube se détériorant rapidement ; le ciment était mal cuit, ou arrivait en ignition à la partie inférieure du tube ; il fallait alors pour le refroidir l'étaler sur des aires et le remuer à la pelle, ce qui augmentait la main-d'œuvre. De plus, la consommation de charbon ou de pétrole était exagérée.

Dans une étude parue en 1899, dans l'*Engineering Record*, l'auteur évalue que la consommation en combustible est de 100 % plus élevée par ce système que celle exigée par les fours continus ordinaires.

Peu à peu, ces fours ont été perfectionnés, et actuellement certaines usines américaines en possèdent un grand nombre. Ces fours, construits différemment suivant le mode de travail adopté, permettent d'utiliser la *méthode sèche*, c'est-à-dire le procédé qui consiste à cuire une poudre fine, contenant les proportions d'argile et de carbonate de chaux, ou la méthode par *voie humide*, qui, au lieu de traiter les matières pulvérisées, les réduit en lait par malaxage, ce qui permet de simplifier considérablement la fabrication.

Quand l'usine travaille suivant la première de ces méthodes, l'emploi des fours rotatifs supprime le moulage et la dessiccation des matières premières. Si, au contraire, elle utilise le second procédé, ces fours suppriment la

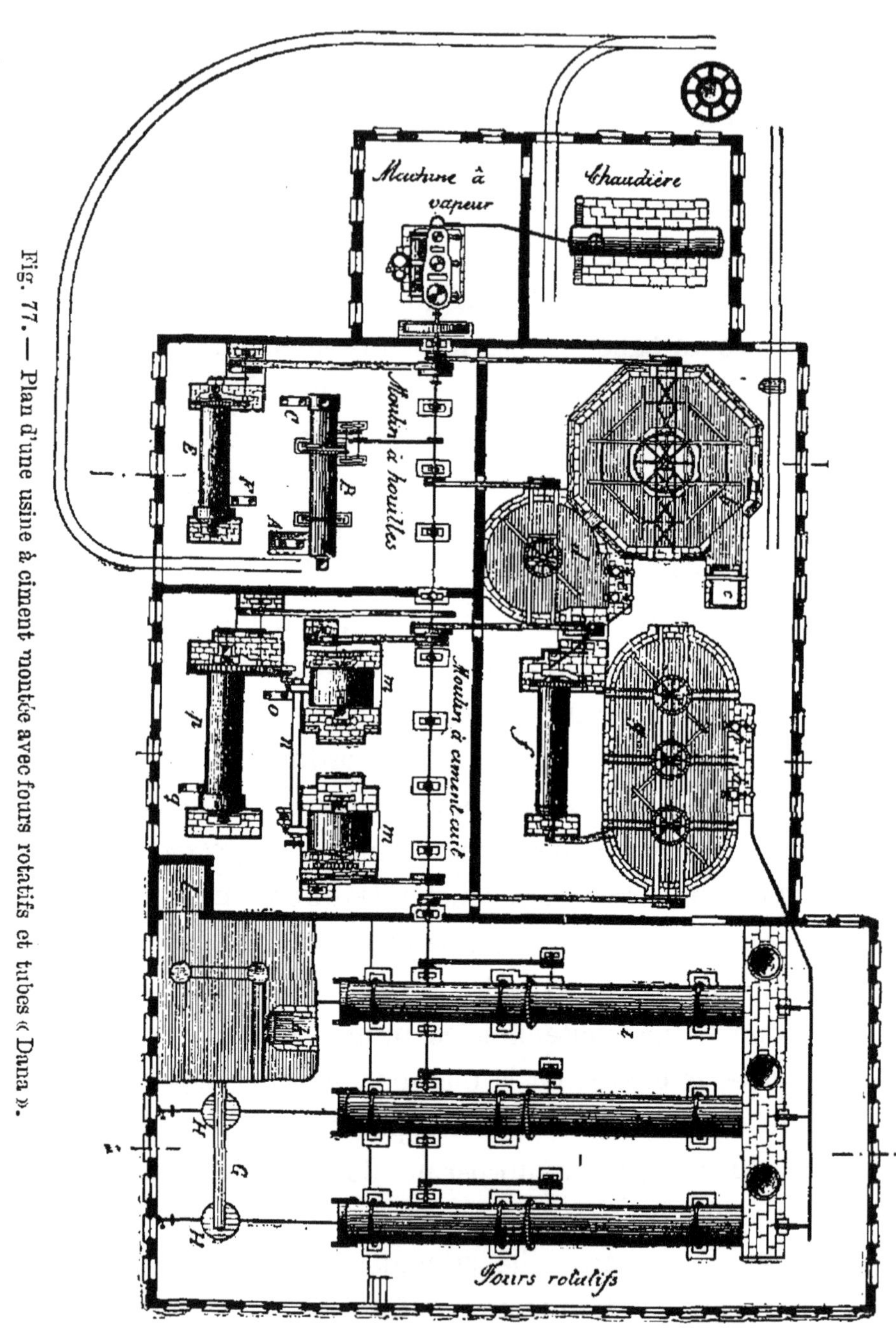

Fig. 77. — Plan d'une usine à ciment montée avec fours rotatifs et tubes « Dana ».

décantation et le séchage de la pâte en même temps

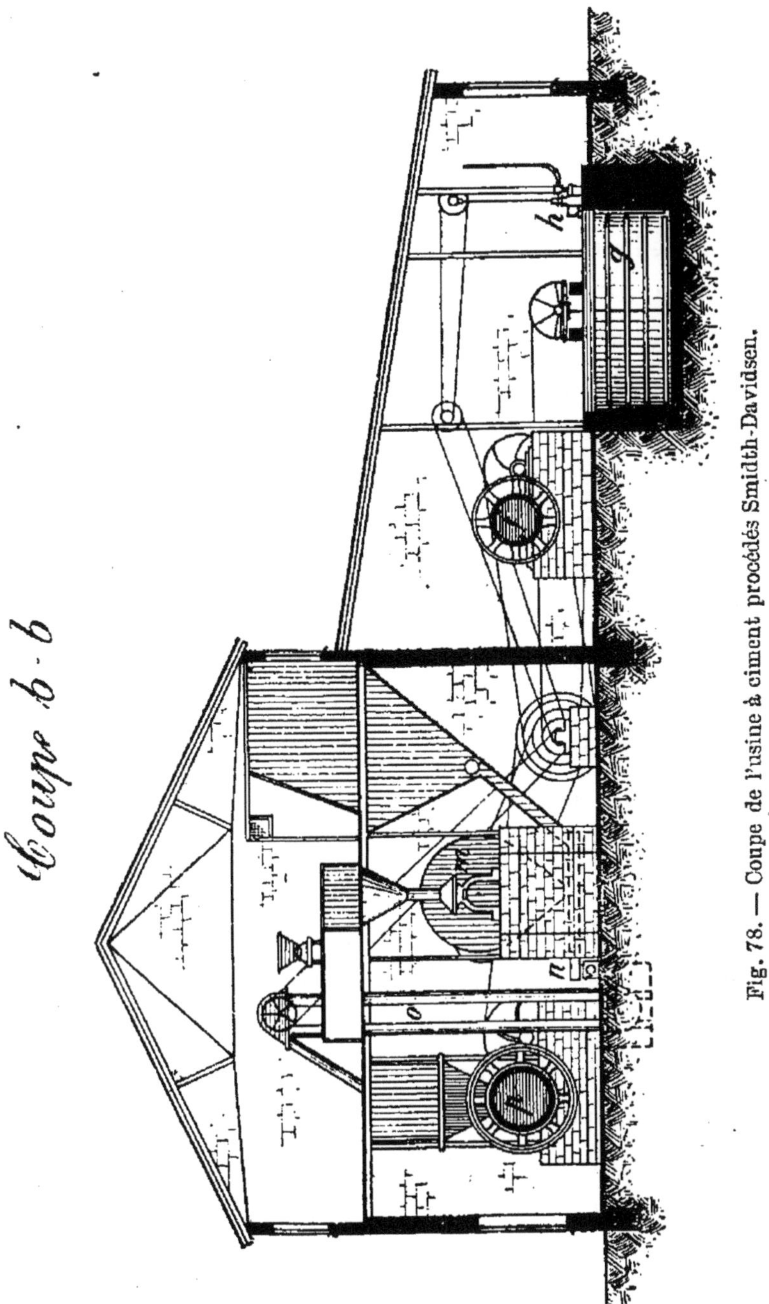

Fig. 78. — Coupe de l'usine à ciment procédés Smidth-Davidsen.

que toute la main-d'œuvre exigée par ces opérations.

On eût pu craindre, au début, que ces ciments fussent incapables de donner des résultats comparables à ceux fournis par les ciments fabriqués suivant les anciens procédés, et longtemps on a dit qu'ils étaient loin de valoir les ciments obtenus à l'aide de fours intermittents, mais c'est là, comme l'a montré un spécialiste compétent, M. Leduc, une erreur complète et les produits s'équivalent en réalité.

L'usage des fours rotatifs supprime le broyage et le concassage préalable des roches. Dans les fours ordinaires, la grosseur des roches cuites est très variable tandis qu'avec ceux-là les fragments obtenus sont d'une grosseur variant entre un pois et une noix. L'opération du triage des morceaux se trouve donc, de ce fait, supprimée ; elle n'aurait plus d'ailleurs aucune raison d'être, tous les grains se trouvant parfaitement cuits.

Pour quiconque a l'habitude des usines à ciment, l'impression produite par l'atelier de bibroyage est des plus surprenantes. Au lieu de vastes bâtiments hauts de plusieurs étages, avec nombreuses meules et bluteries y réparties, nous trouvons un simple hangar avec tous les appareils au rez-de-chaussée, sur un emplacement très restreint. Il en ressort non seulement une très forte économie de bâtiments et d'installation générale, mais la surveillance et l'exploitation en sont rendues très faciles. Ce qui frappe peut-être encore davantage, c'est la marche absolument automatique de toute l'installation et l'absence d'ouvriers. Il y a juste un homme qui jette la matière brute dans le concasseur à mâchoires placé au niveau du sol, et un autre ouvrier qui transporte au dehors les sacs pesés et remplis de ciment. En dehors de ces deux ouvriers, tout autre personnel est inutile, même pour la surveillance, les appareils fonctionnant régulièrement. Ainsi, plus de main-d'œuvre ; tout le travail est opéré en quelque sorte d'une manière automatique.

En France, il existe actuellement à Haubourdin, près de Lille, une usine à ciment travaillant par ce procédé. Cette usine a été installée par les soins de la maison Smidth-Davidsen de Paris et emploie la méthode par voie humide. Les matières premières sont délayées et amenées à l'état de pâte contenant de 35 à 40 °/₀ d'eau, qui est envoyée, après avoir subi un broyage, dans le tube où la cuisson est effectuée.

Le ciment une fois cuit est écrasé et moulu dans un *moulin à boulets frappeurs* (voy. page 57) puis pulvérisé et réduit à l'état de farine pendant son passage à travers un *tube broyeur finisseur Dana* (fig. 69). Une fois achevé, le ciment est pesé automatiquement sur une bascule enregistreuse et envoyé au magasin.

L'usine de Haubourdin a été calculée pour produire annuellement 30.000 tonnes de ciment Portland. Pour avoir une idée précise du prix de revient de ce produit, nous dirons que le personnel est composé de deux équipes de 13 hommes, l'une pour le jour, l'autre pour la nuit, et dont voici le travail.

```
2 hommes pour  le service du délayeur et de la bascule
2     —        —   le transport des roches aux broyeurs
3     —        —   le service des fours rotatifs
1     —        —        —   des moulins broyeurs
1     —        —   la surveillance générale des ateliers
1     —        —   le transport de la houille aux moulins
1     —        —   le service des moulins à charbon
1     —        —   le transport du ciment fini
Total 13 hommes
```

Nous ne comptons pas dans cette évaluation les employés de bureau, des contre-maîtres, des chauffeurs ou mécaniciens ainsi que le directeur général et l'ingénieur de l'exploitation.

On peut compter, pour la consommation des fours rotatifs, sur une dépense moyenne de 330 kilogrammes de houille par tonne de ciment cuit, et 80 kilogrammes pour les chaudières, soit, au total, 410 kilogrammes, par tonne de ciment. En nous basant sur un prix de 25 francs par tonne, prix tout à fait approximatif et que nous ne donnons qu'à titre d'indication, le charbon entre dans le prix de revient pour 10 fr. 25 par tonne de ciment fabriqué.

En ajoutant le prix, forcément très variable, de la matière première, et qui dépend de la situation de l'usine, de sa distance aux carrières et des frais de transport et de charroi, à cette dépense, et ainsi que le prix, qui n'a pas été donné, de la main-d'œuvre, les frais généraux de l'usine, les appointements des employés, l'intérêt et l'amortissement du capital engagé, on aura le prix de revient de la totalité de produit fabriqué dans l'année, et d'où l'on pourra déduire en définitive le coût de la tonne de ciment. On sera convaincu, par ce calcul, de l'économie que procure l'usage de cette méthode de fabrication sur toutes les autres précédemment connues et employées, et l'on en pourra conclure qu'elle offre de très sérieux avantages et représente le moyen le plus rationnel et le plus perfectionné qui ait été imaginé et réalisé jusqu'à présent dans l'industrie déjà ancienne des ciments.

CHAPITRE VIII

CIMENTS DE LAITIERS ET CIMENTS DIVERS.

Composition des laitiers.

On entend par *laitiers* les silicates terreux qui s'écoulent des hauts fourneaux, sorte de verres de nuances diverses, verts quand ils renferment du protoxyde de fer, violets dans le cas du manganèse, bleus pour le soufre, etc. Leur composition est extrêmement variable, ainsi que le montrent les chiffres suivants :

LAITIERS DE HAUTS FOURNEAUX CHAUFFÉS AU BOIS :

	Minerais oxydés			Minerais carbonatés		
Silice..............	0,444	0,454	0,636	0,710	0,538	0,463
Chaux..............	0,284	0,274	0,240	0,072	0,056	0,386
Magnésie..........	0,016	0,024	0,012	0,052	0,090	0,074
Alumine...........	0,170	0,182	0,038	0,025	0,034	0,043
Oxyde ferreux......	0,044	0,045	0,017	0,050	0,014	0,009
— manganeux ...	0,020	—	0,039	0,065	0,262	0,018
	0,978	0,979	0,982	0,974	0,994	0,993

LAITIERS DE HAUTS FOURNEAUX CHAUFFÉS AU COKE :

	Marche en fonte grise		Marche en fonte blanche		Marche en fonte acier
Silice...........	0,336	0,401	0,338	0,405	0,378
Chaux	0,348	0,493	0,370	0,495	0,485
Magnésie........	0,048	—	0,032	—	—
Alumine	0,184	0,104	0,152	0,099	0,137
Oxyde ferreux...	0,020	—	0,044	—	—

| | HAUT FOURNEAU SOUFFLÉ | | | |
	à l'air froid	à l'air chaud	en fonte blanche	en fonte grise
Silice	0,395	0,380	0,418	0,384
Chaux	0,325	0,357	0,309	0,328
Magnésie	0,034	0,076	0,058	0,074
Alumine	0,151	0,141	0,147	0,151
Oxyde ferreux	0,020	0,012	0,026	0,016
— manganeux	0,028	0,004	0,012	0,016

Étant donné cette composition riche en silicates alcalins, on peut en les mélangeant à de la chaux obtenir des ciments de constitution variée.

Tous les laitiers ne se prêtent pas également à la fabrication des ciments.

Ils doivent être franchement basiques : Prost met en première ligne le laitier de moulage ; enfin, d'après Le Chatelier, la meilleure composition serait celle qui se rapprocherait de la formule :

$$2Si\,O^2 + AC^2\,O^3 + 3Ca\,O$$

On obtient donc aisément des ciments de laitiers pulvérulents en dirigeant le jet de laitier fondu dans de l'eau froide. Le sable ainsi obtenu est séché, broyé et bluté, mélangé à de la chaux. Le produit est calciné et traité ensuite comme un ciment ordinaire.

On a reconnu toutefois, depuis quelque temps, que les laitiers de hauts-fourneaux ne se prêtent pas tous à la fabrication des ciments, et ce en raison de leur teneur en chaux souvent trop faible.

M. H. Loescher a imaginé récemment un nouveau procédé pour donner aux laitiers la quantité de chaux nécessaire pour en constituer un ciment de haute qua-

lité, et voici le détail de ce procédé : On prend le laitier
à l'état liquide au moment de sa sortie du haut-fourneau,
et on le verse dans un four chauffé au gaz ou au pétrole.
Suivant la quantité de chaux que l'on désire retrouver

Fig. 79. — Presse à agglomérer et à mouler les briques de laitier,
système Chambrette-Bellon.

dans le résultat final, on ajoute une certaine dose de
calcaire ou de chaux dans le bain de laitier qui se trouve
à l'intérieur du four, et on chauffe le tout jusqu'à ce que
la fusion soit complète et bien homogène. On laisse tomber ensuite ce mélange à haute température dans une
masse d'eau très froide, et le laitier se transforme en une
matière granulée possédant toutes les qualités que l'on

peut désirer d'une matière première propre à la fabrication du ciment.

D'un autre côté, M. Carle von Forell est parvenu également à transformer le laitier en ciment Portland par l'adjonction de chaux pulvérisée, de manière à tirer parti de la chaleur intense du laitier en fusion. Son procédé, ainsi que l'appareil destiné à le mettre en pratique, ont pour but de réaliser l'homogénéisation intime de la chaux et du laitier, condition indispensable dans la préparation d'un ciment pour que ce dernier jouisse de toutes ses qualités. Pendant l'application du procédé, le laitier reste à l'état liquide et conserve sa chaleur intense. De plus, il a été reconnu qu'il était essentiel, pour l'obtention d'un bon résultat et pour la combinaison des éléments d'hydraulicité, des acides et des bases, non seulement que le mélange soit intime, mais encore que les réactions réciproques aient le temps de se produire. Aussi, dans le présent procédé — en opposition à ceux qui consistent en une addition continue de chaux en poussière au laitier en fusion — l'homogénéisation des deux produits se réalise-t-elle par fractions déterminées de la masse totale, et cela en conservant les proportions requises, dans un récipient (four tournant) où, par un brassage, le mélange s'effectue de façon très intime, le laitier étant maintenu à l'état de fusion pendant un temps plus ou moins long.

L'appareil imaginé pour la mise à exécution de ce procédé consiste en un four mélangeur tournant formé d'un tambour à axe horizontal ou légèrement incliné, qui peut être pourvu d'un dispositif de chauffage intérieur ou extérieur et garni d'un revêtement réfractaire approprié. On introduit dans ce four mélangeur une quantité de laitier telle qu'elle remplisse le tambour jusqu'à un certain niveau (par exemple, jusqu'au tiers) tandis que l'on charge ce four, avant ou pendant l'introduction du laitier, de la quantité requise de chaux en poussière nécessaire à la fabrication du ciment Portland. Il est inutile d'avoir recours à une hélice ou à des palettes tournantes pour opérer le mélange et à un dispositif de tuyères permettant d'injecter de la vapeur dans le jet s'échappant du four mélangeur pendant la coulée de la masse en fusion, dans le but de granuler cette dernière; il suffit que ces tuyères soient disposées de manière que le jet de vapeur soit dirigé essentiellement vers le trou de coulée.

Applications du ciment de laitier.

Le ciment de laitier s'emploie couramment à de nombreux usages; il convient surtout aux ouvrages souterrains, à ceux exposés à l'humidité et aux travaux sous l'eau. Ayant une densité apparente faible, il permet d'obtenir, pour un poids donné, une grande quantité de mortier, ce qui correspond à la possibilité d'employer des dosages plus faibles. Le mortier est gras, facile à travailler et n'exige pas d'ouvriers spéciaux pour son emploi.

Le ciment de laitier donne des pâtes et des mortiers de couleur assez blanche et toujours claire. Les enduits une fois secs tolèrent l'application de la peinture.

En France, l'emploi du ciment de laitier est maintenant fort répandu; il est admis par le service des ponts et chaussées, par les services municipaux de la capitale et de plusieurs grandes villes, par les chemins de fer, les mines, etc.

Dans les fabriques de ciment de laitier, on emploie souvent un mélange de laitier granulé et de ciment de laitier à la fabrication de divers produits marchands : briques, pierres artificielles moulées, carreaux, tuyaux, etc. On se sert aussi, pour ces pièces, d'un mélange de laitier grenaillé et de chaux.

On fabrique, avec du laitier, des briques assez légères, ne pesant guère que de 1650 à 2000 kilos le mètre cube, soit, pour le mille de briques de format 0 m. 22 × 0 m. 105 × 0 m. 055, un poids variant de 2100 à 2500 kilogrammes. Ces briques prennent, après 20 jours d'immersion, une augmentation de poids qui, suivant la mode de fabrication, varie entre 7 et 25 % du poids primitif. La résistance à la compression de ces produits varie, suivant le dosage du mortier et la finesse du laitier employé comme sable, de 100 à 200 kilogrammes par centimètre carré après plusieurs mois de fabrication.

Les briques de laitier sont très régulières, à arêtes vives ; on peut les obtenir de toutes formes, soit blanches, soit de diverses couleurs par des additions d'oxydes métalliques. Elles ne sont pas gélives.

Les tuyaux en béton de ciment comprimé de laitier peuvent supporter, avant de se rompre, une pression intérieure de 5 kilogrammes par centimètre carré. Ces tuyaux, bien fabriqués avec des matières convenablement préparées et fortement pilonnées, absorbent peu d'eau, moins de 2 pour cent de leur poids.

Ce qui frappe surtout, à notre époque, un observateur attentif, quand il étudie les méthodes industrielles, c'est le merveilleux résultat auquel sont arrivées les usines dans l'utilisation de leurs sous-produits.

L'industrie sidérurgique n'a pas été la dernière dans ce chemin du progrès. En même temps qu'elle apprenait à utiliser le gaz de ses hauts-fourneaux, d'abord au chauffage du vent et à la production de la vapeur, plus tard, dans les moteurs, elle songeait à se débarrasser de ses interminables crassiers, gênants et coûteux, et où semblait dormir une richesse.

Le problème a été complètement résolu. Nous avons vu successivement naître l'idée d'empierrer les routes et de ballaster les voies avec du laitier concassé ; puis, l'analyse chimique révéla dans le laitier la présence des éléments constitutifs du ciment, aux teneurs près, et l'on vit le ciment de laitier prendre rang parmi les meilleurs matériaux. Enfin, un nouveau pas a été fait il y a quelques années, par d'ingénieux praticiens, qui imaginèrent la brique de laitier, ce produit du jour, en quelque sorte, dont le bel avenir nous paraît dès maintenant assuré.

La région de l'Est se passionna, et pour cause, à ces importants problèmes, et ne laissa pas dormir les solutions qui leur furent données. On vit se monter des installations importantes de concassage autour des crassiers, des cimenteries, des briqueteries, et, parmi les sociétés qui sont le plus vite entrées dans la nouvelle voie, il convient de citer la Société Anonyme des Hauts-Fourneaux et Fonderies de Pont-à-Mousson.

Pour utiliser ses laitiers, cette Société a installé une

briqueterie mécanique modèle, dont la production journalière peut s'élever à 60,000 briques.

Une grande partie des laitiers de l'usine sont aujourd'hui grenaillés, c'est-à-dire reçus dans un courant d'eau à la sortie du haut-fourneau. Le refroidissement brusque, ainsi obtenu, empêche la cristallisation du laitier, et le rend propre à la fabrication du ciment et des briques. Ce laitier granulé, conduit près de la briqueterie, est jeté à la pelle dans une vis d'Archimède inclinée, et on y ajoute un peu de chaux, tandis que de minces filets d'eau s'écoulent sur le mélange pendant son ascension. Le mélange humidifié vient tomber sur la piste d'un broyeur malaxeur à meules roulantes et couteaux, et, de là, passe au distributeur, puis à la presse, d'où sort le produit fini.

L'installation de Pont-à-Mousson comporte trois groupes d'appareils semblables à ceux que nous venons d'indiquer.

Les briques sont mises en tas et sèchent tout simplement à l'air, en attendant l'expédition. Il faut deux mois de parc environ pour un bon séchage.

Le produit obtenu par cette méthode si simple est de toute première qualité. Sa résistance à l'écrasement est d'environ 200 kilogs par cmq et la finesse de son grain, l'homogénéité de sa pâte, font qu'il se coupe bien, sans éclat.

La brique de laitier, peu poreuse, n'est pas gélive non plus, ce qui fait qu'elle convient parfaitement à tous les genres de constructions. Ses arêtes sont vives, et ses faces bien planes, d'où économie de mortier (celui-ci prenant, du reste, beaucoup mieux sur elle que sur la brique ordinaire), et murs très propres, ne demandant à l'extérieur qu'un simple rejointoyement, et à l'intérieur un enduit de plâtre sans crépi. De plus, cette brique s'impose pour les travaux hydrauliques ou exposés à l'humidité.

Depuis l'année 1890, d'ailleurs, de grandes quantités de briques de laitier ont été employées à Paris, pour la construction des égouts, tant pour le mortier de maçonnerie que pour les enduits et pour la confection de béton. Nous citerons entre autres le collecteur de l'avenue Rapp, dont la voûte a 2 m. 50 d'ouverture. D'autres villes : Reims, Dijon, Chaumont, etc., ont également employé le ciment de laitier dans la construction de leurs égouts. Grâce à l'humidité qui règne dans ces constructions, les mortiers au ciment de laitier ont un durcissement remarquable.

Un emploi important de ciment de laitier a été fait tout récemment dans la construction du chemin de fer métropolitain de Paris. Environ 30.000 tonnes ont été mises en œuvre durant l'année 1899. Cet emploi a donné toute satisfaction aux ingénieurs de la Ville.

A Paris, beaucoup de bétons pour recevoir le pavage en bois ont été confectionnés avec le ciment de laitier, et l'on a pu constater la grande dureté de ces bétons.

Il en est de même des caniveaux pour canalisations électriques.

Le ciment de laitier, comme béton et comme mortier, a été employé en grandes quantités pour la construction de culées et de piles de ponts importants, tels, par exemple : le pont du chemin de fer de l'Ouest, sur la Seine, à Passy, ligne de Courcelles au Champ-de-Mars ;

les ponts de la ligne de Trilport à la Ferté-Milon.

Il en est de même pour la construction et la réparation de divers tunnels, tels que ceux de Passy, à Paris, de Bruyères (Vosges), de Provenchères (Haute-Marne), de Genevreuille et de Grattery (Haute-Saône), de Nanteuil-Saacy et de Chessy (Seine-et-Marne), ainsi que dans la réparation des viaducs de Chaumont, de Hortes et de Sablon, dans la Haute-Marne.

Le ciment de laitier est couramment employé pour divers travaux de chemins de fer, dans la construction et l'agrandissement des gares, telles que Nancy, Troyes, Toul, Meaux, etc. Signalons également les usages qui en ont été faits par le génie militaire et les Ponts-et-Chaussées pour les grands travaux hydrauliques, entre autres l'endiguement de la Basse-Seine.

Quand nous aurons dit que la décoration des façades en briques de laitier est des plus faciles et que les crépis, escaillages et décorations italiennes en sgraffite y adhèrent parfaitement, car les surfaces en contact non seulement se pénètrent mais réagissent l'une sur l'autre de sorte qu'à la longue la brique et son enduit ne font plus qu'un, on ne s'étonnera plus que ce genre de briques se soit rapidement étendu et qu'il présente encore un immense avenir.

Ciment de scories.

On s'est aussi servi des scories rejetées par les hauts fourneaux.

Les qualités de prise du sable de scories pour le ciment, quand il est convenablement traité, sont depuis longtemps connues : En 1887, M. J.-E. Stead lut un mémoire devant l'Institut des Ingénieurs de Cleveland sur un « ciment hydraulique de scories de Cleveland. »

Le procédé décrit consistait à mélanger et moudre en poudre impalpable 75 0/0 de sable sec de scories et 25 0/0 de chaux éteinte et desséchée. La poudre ainsi produite est le ciment de scorie.

Le principal élément de succès de ce ciment repose sur l'extrême finesse de la mouture, ce qui constitue aussi la difficulté capitale, car la machinerie employée au broyage est rapidement usée par le sable. Depuis lors les broyeurs ont été très perfectionnés et il n'y a pas de raison pour que cette fabrication ne puisse être continuée avec succès. La *Skinningrove Iron Cᵒ* a donné un exemple pratique de ce que l'on peut attendre du ciment de scorie par la construction de sa jetée de chargement. Le point important concernant cette jetée est que le ciment était fait de scorie ordinaire sans désulfuration ; contrairement aux arguments relatifs à l'action désagrégeante du soufre par la transformation du sulfure en sulfate qui devait entraîner la destruction rapide de l'ouvrage, ce dernier ne donne encore aucun signe de détérioration.

Pendant quelques années MM. Wilsons, Pease et Cᵒ, sous la direction de M. Charles Wood, fabriquèrent à Middlesborough des briques de scories pour la construction.

Le sable de scories mélangé de chaux séléniteuse était comprimé par une presse à briques, puis placé sous des hangars, pendant une semaine, pour durcir à l'air ; ce durcissement était achevé par une exposition en plein air pendant cinq à six semaines.

La chaux séléniteuse était composée de 80 % de chaux vive, de 10 % de gypse brut et de 10 % d'oxyde de fer. On employait 305 kilogrammes de ce mélange pour 1000 briques. Des bâtiments construits il y a vingt ans environ avec ces briques sont en très bon état actuellement, les briques étant à la fois dures et tenaces. Des milliers en furent expédiés à Londres. Leur apparence leur fut quelque peu défavorable, car elles étaient d'une couleur gris foncé.

Du sable de scorie finement moulu avec 6 % de chaux éteinte produit un excellent mortier. Il prend très rapidement, ce qui est parfois un désavantage. Pendant plusieurs années M. Kirk, de la Carlton Iron C°, n'a pas employé de chaux du tout pour son mortier de scorie Il faisait une mouture de scorie calcaire, additionnée d'un quart de son poids de déchets de vieilles briques et d'un peu de mâchefer. Ce mortier prend plutôt lentement, mais il devient très dur.

Les principaux usages de la scorie sont actuellement l'empierrement et le pavage des routes. Elle forme aussi la base de la pierre artificielle et du ciment, mais ces emplois ne consomment qu'une faible partie de la production totale et le problème est de réussir dans les voies où d'autres ont échoué et aussi de trouver, si possible, d'autres modes d'utilisation de plus grande importance.

Ciment de mâchefers.

« Il n'y a pas de petites économies », dit un vieux dicton, et c'est aussi vrai pour les petits ménages que pour les grandes exploitations industrielles. Pour conquérir un marché, pour distancer des concurrents, il faut livrer des produits à bon marché. Acheter dans de bonnes conditions la matière première, réduire dans la mesure du possible les frais de manutention et de fabrication, s'assurer le transport avantageux des objets fabriqués, est l'enfance de l'art, et il n'y a pas d'industriel ou de commerçant qui n'en connaisse les principes. Mais, pour employer une expression chère aux bonnes ménagères, il y a encore l'art d'accommoder les restes. Cette façon intelligente d'utiliser les déchets qu'on considérait comme dépourvus de toute valeur fait rentrer dans la caisse de l'industriel des dizaines et des centaines de mille francs et réduit d'autant ses frais d'exploitation.

L'art d'utiliser les restes joue donc un rôle énorme dans la prospérité d'une entreprise industrielle. Il en est ainsi du mâchefer, des scories qui restent dans le foyer après la combustion du charbon et dont on ne savait que faire dans les grandes usines. Depuis quelque temps, on a appris que cette substance encombrante et bonne à être jetée pouvait parfaitement être utilisée.

Tout d'abord, rien n'est plus facile que de réduire en sable les mâchefers, et ce broyage peut s'effectuer à l'aide des moulins à meules type Jannot ou Luce décrits page 82. Une conduite d'eau amène le liquide nécessaire pour convertir cette poussière à l'état de pâte relativement plastique. Cependant on peut se contenter de cribler le mâchefer et d'utiliser simplement les poussières que l'on malaxe pour en faire un mortier terreux.

Mais, employé seul, le sable de mâchefer est trop sec ;

aussi, pour éviter cet inconvénient, le mâchefer, avant d'être mis dans le broyeur, est-il mélangé avec des déchets de briques, de tuiles, de matériaux de démolition. Le sable ainsi obtenu possède des qualités de premier ordre, et l'on comprend facilement que cette fabrication soit avantageuse là où le prix du sable naturel est élevé, soit parce qu'il est rare, soit parce que son transport coûte cher.

Que faire de ce sable ? Beaucoup de choses. En le mélangeant avec de la chaux et de l'eau, il servira à fabriquer du mortier ou du ciment excellent ; en y ajoutant du mâchefer concassé en morceaux plus ou moins gros, on en fera du béton très convenable. Nous voilà donc tout à fait outillés pour faire des briques et des pierres artificielles, et il ne faut pas être grand clerc en la matière pour agir ainsi. Une brouettée et demie de mâchefer pour un sac de chaux, un petit pilon pour broyer le tout, un moule, c'est-à-dire un cadre divisé en une centaine de compartiments carrés, tel est le matériel peu compliqué que peut utiliser une usine même de peu d'importance, pour élever un mur, construire à peu de frais une dépendance, une maisonnette, avec des briques et du ciment de mâchefer !

Murs en mâchefer. — S'il appartient à l'entrepreneur de composer avec du mâchefer un excellent mortier, l'industriel doit en chercher un emploi plus facile, tel par exemple que la construction d'un mur.

On commence par fabriquer un mortier composé proportionnellement de deux brouettées d'escarbilles pour un sac de chaux hydraulique et de l'eau, ce qui donne au tout la consistance des mortiers ordinaires. Deux madriers, deux goujons à clavettes, deux étriers et une dame constituent tout le matériel nécessaire de maçon. On commence par placer parallèlement les deux madriers de champ et à une distance l'un de l'autre égale à l'épaisseur que doit avoir le mur. On les maintient à l'aide de deux goujons et de deux étriers ; après quoi, on dame dans l'intérieur le mortier préparé, en procédant par petites couches de 5 à 10 centimètres, jusqu'à la hauteur du madrier. On entreprend ensuite une autre longueur et on revient monter sur le premier travail quand celui-ci sera déjà un peu pris. Il est ainsi facile de construire des murs à bon marché, la main-d'œuvre par mètre cube revenant à environ 6 ou 7 francs.

Mais, si l'industriel ne veut pas entreprendre trop à la fois, ou si la production du mâchefer de l'usine ne lui permet pas de suivre le travail de son mur d'une façon continue, la fabrication des briques apparaît comme la meilleure solution de l'utilisation des escarbilles dans les usines.

Briques de mâchefer. — Pour cette fabrication, il ne peut pas être question de grever le budget de l'usine par l'achat d'une machine spéciale à mouler les briques exigeant éventuellement un emprunt de force motrice. On se contente d'un outillage plus modeste, absolument indépendant de la fabrication de l'usine. Il n'est même pas besoin d'ouvrier spécial ; un manœuvre suffit. On lui indique la proportion de son mortier et, cette fois, on force un peu en chaux hydraulique, car les briques ont besoin d'être manipulées plusieurs fois, c'est pourquoi il convient de prendre une brouettée et demie seulement de mâchefer pour un sac de chaux.

L'ouvrier fabrique son mortier ; puis, on met à sa disposition un petit pilon ou dame et un moule que l'usine est capable de fabriquer, pour peu qu'elle possède un atelier de réparations. Cet appareil non seulement est simple, mais il est aussi facile à manœuvrer ; il se compose d'un châssis ouvert dessus et dessous et formé de trois parties reliées entre elles par des charnières à chevilles. Deux de ces articulations sont placées aux extrémités d'un petit côté du cadre et, la troisième, au milieu du petit côté opposé qui est par conséquent brisé. Deux poignées, placées sur les longs côtés, permettent l'ouverture du moule autour de la troisième charnière. On laisse la brique pendant quelques heures à l'endroit où elle a été fabriquée et on ne la manipule que dès qu'elle est un peu prise. Généralement, ce travail est fait aux pièces par l'ouvrier.

On comprend l'avantage de cette fabrication qui permet de constituer un stock jusqu'au jour où les briques sont assez nombreuses pour se prêter à l'entreprise d'un travail de quelque importance.

Ciment carburé

La matière désignée sous le nom de *ciment carburé* se compose, en poids, de 35 à 45 0/0 de goudron, de 8 à 15 0/0 de chaux grasse éteinte et de 45 à 55 0/0 d'argile suivant le cas d'emploi. Le mélange doit être chauffé dans une chaudière jusqu'à consistance molle et employé à chaud. — En ajoutant à cette matière ou mastic, pendant le chauffage, de 35 à 50 0/0 de sable grossier sur l'ensemble, on obtient un mortier plus approprié à certains usages.

La matière susindiquée imaginée par MM. Serre, expert, et Oulmière, fabriquée comme mastic ou comme mortier, peut être utilisée, suivant les cas, pour trottoirs, chaussées, blocs, chappes, tuyaux de toute nature, dallages, carreaux, carreaux mosaïques, revêtements, parquets, murs et tous autres travaux quelconques publics et particuliers.

Les ciments de schistes.

Les éléments argileux du ciment se rencontrent dans des combustibles pauvres qui sont inutilisables. Les schistes houillers peuvent donc servir à fabriquer des ciments artificiels.

Les schistes houillers contiennent de 41 à 45,6 % de silice, 13 à 19 d'alumine, 5,40 à 7,30 de peroxyde de fer, 23 à 30 de matières carbonées, etc. On les mélange avec du calcaire.

Par suite de la teneur des schistes en matières carbonées et d'autres avantages, ce ciment peut être fabriqué avec une économie de 4 francs par tonne sur les autres ciments.

A Frangey (Yonne) on fait le mélange par voie sèche.

On réduit les matières premières en poudre au moyen d'un broyeur, on les sèche, puis on les mélange en proportions convenables et on les agglomère en briquettes ou en boulets, au moyen de presses. Ces briquettes ou boulets sont cuits dans des fours comme des ciments de Portland ordinaires.

Aux abords des puits de mines vont s'accumulant, de plus en plus, de véritables montagnes de schistes. Un ingénieur français. M. Paul Sée, proposa d'utiliser ces schistes à la fabrication des briques. Ayant remarqué que leur composition chimique était celle de l'argile, il a étudié un procédé de fabrication de poteries, tuiles et briques, avec ce produit qui offre beaucoup d'analogie avec celui en usage pour la production des produits céramiques argileux. Pour le schiste, il y a, en outre, suppression du séchage long et onéreux entre le moulage à la presse et la cuisson au four. Les schistes sont d'abord broyés et tamisés ; puis la poudre ainsi obtenue est mélangée à la quantité d'eau nécessaire pour en faire une pâte plastique qu'on moule à la presse et qu'on cuit directement.

Les briques de schiste sont assez réfractaires pour résister à une température de 1.000 à 2.000 degrés. Elles peuvent revenir à 11 fr. 85 le mille pour une fabrication de 22.000 briques par jour à raison de onze heures de travail.

Fabrication du ciment de maërle.

On désigne sous le nom de maërle, en Bretagne, une espèce de corail calcaire qui abonde dans la baie de Concarneau et aux îles Glénans. Un inventeur, M. Tallendeau de Kerlor, a songé à substituer aux calcaires ordinairement en usage pour la construction, tels que la chaux, la craie ou les marnes, ce produit marin, et il a breveté son système.

Le teneur en carbonate de chaux du maërle est de 90

à 92 % ; il ne contient aucune matière nuisible pour la fabrication des ciments ; les matières salines ne résidant qu'à sa surface sont enlevées, avec la plus grande facilité, par un simple lavage. De plus, sa teneur en carbonate de chaux est suffisante pour que son agglomération en briquettes puisse avoir lieu au dosage voulu d'argile. Le maërle est naturellement très divisé : c'est une espèce de gros sable, dont les grains essentiellement irréguliers sont formés par une série de petites ramifications analogues à celles du corail. Sa pulvérisation, malgré l'espèce de marne qui le recouvre, est des plus faciles.

Pour fabriquer du ciment avec du maërle, la première opération à faire subir à ce dernier est de le laver avec de l'eau douce, afin de le débarrasser des matières salines qui adhèrent à ses parois fort irrégulières.

Cette opération préalable étant faite, le maërle est soumis à une pulvérisation aussi complète que possible, soit par voie sèche, soit par voie humide ; il est ensuite mélangé, au dosage voulu, avec de l'argile pure, obtenue par voie de décantation, si on ne peut s'en procurer autrement.

Le mélange de carbonate de chaux pulvérisé et d'argile doit être aussi intime que possible et former pâte, de manière à pouvoir être façonné en briquettes, au moyen de moules d'environ un décimètre cube et demi de capacité. La briquette étant faite est séchée jusqu'à consistance voulue pour son arrimage dans les fours destinés à sa cuisson.

Après cuisson, les briquettes sont pulvérisées, et le produit de leur pulvérisation est soumis à un blutage au degré de finesse voulu, puis à des moutures successives jusqu'à épuisement des résidus.

Ce programme donne le ciment recherché. Les ciments obtenus au moyen de l'emploi de maërle ont une prise plus ou moins rapide, suivant le degré de cuisson. Leur mode de fabrication, en dehors de la substitution du maërle aux calcaires en usage, de la nécessité d'un lavage préalable, pour en extraire les matières salines et de la facilité de broyage, résultant de sa division naturelle, est semblable au mode de fabrication employé pour les ciments artificiels ordinaires.

Ciment de magnésie.

Ce ciment, dit M. Sorel, s'obtient en malaxant de la magnésie pulvérulente avec une solution de chlorure de magnésium ordinaire au titre de 30 à 70 %. La résistance à la traction est de 150 kilogrammes par centimètre carré, soit le triple ou le quadruple de celle du ciment Portland.

Mais l'action de l'eau détruit la combinaison chimique et désagrège sa masse. On ne peut donc employer ce ciment qu'à des travaux d'intérieur non exposés aux intempéries. Mais voici quelques indications sur la composition d'un ciment blanc chimique, connu sous le nom de *ciment anglais,* et qui peut servir à l'imitation des marbres.

On mélange de la magnésie à une solution de chlorure de magnésium (à 25-30° B); ou l'on fait d'abord un mélange de magnésie et de chrolure de magnésium que l'on humecte ensuite pour en faire une pâte. Ces matières sont les principaux composants du ciment. On peut y ajouter d'autres substances pulvérisées, telles que le sulfate de chaux, de la terre argileuse, des oxydes, et la plupart des matières insolubles dans le chlorure de magnésium et faciles à pulvériser. Par l'addition des substances colorantes, comme le minium, le bleu d'outremer, le jaune et le vert de chrome, l'ocre, on peut imiter les marbres.

Ciments de calcaires magnésifères (J. Peschl, de Prague). — On cuit isolément un calcaire magnésifère ; puis, après avoir éteint la chaux et l'avoir mélangée avec le sable, on fait du mélange une pâte très épaisse, au moyen d'eau renfermant la dissolution de 1 partie de soude et de potasse pour 100 du mélange sec de chaux et de sable. Cette pâte épaisse est façonnée en briquettes que l'on calcine et qui constituent le ciment. L'eau alcaline dissout la magnésie contenue dans la chaux. Pendant la calcination, une combinaison se fait entre la magnésie et les alcalis (soude et potasse). Quand on mouille le ciment pour l'employer, cette combinaison se dissout et la chaux s'éteint.

Ciment silico-magnésique (formule Weber). — Il se compose de 100 parties de magnésie, 15 d'acide silicique anhydre et 90 de solution de chlorure magnésique à 80 $^o/_o$. Ce ciment présente à la traction une résistance de 90 à 125 kilogrammes par centimètre carré ; *il est indifférent à l'action de l'eau même chaude. Il fait prise au bout de 10 heures. Il est de couleur blanche.*

Ciments et briques de pierre ponce.

C'est dans le district de Wendwied, entre Coblentz et Andernach, que s'est propagé cette importante industrie, qui a pour but la fabrication des briques avec le sable volcanique et la pierre ponce qu'on trouve autour de la base de l'Eifel.

On enlève la terre qui est à la surface, on met le sable en tas, puis on le transporte, à l'aide de pelles, dans un lit de chaux. Avant de mettre en moules, la pierre ponce est passée au crible et on casse les morceaux les plus gros, de manière à ce qu'ils puissent passer à travers un tamis à mailles d'un demi-pouce. Les morceaux sortant du crible sont revêtus d'une couche mince de ciment et la brique est mise dans les moules. Le ciment n'est pas mélangé avec la pierre ponce de manière à former des blocs de ciment solides ; ce sont les fragments qui sont tout d'abord revêtus de ciment, les enveloppes de ciment, en adhérant les unes aux autres, donnent la brique.

Pour fabriquer 20.000 briques il faut environ 4 tonneaux 1/2 de chaux. La substance bien mélangée est versée dans des moules de fer munis de fonds mobiles qui, les moules une fois enlevés, servent pour faire sécher.

Les briques sont prêtes pour l'expédition lorsqu'elles ont été exposées à l'air pendant un laps de temps très court.

CHAPITRE IX

LE BÉTON ET LES PIERRES ARTIFICIELLES
LA PIERRE DE VERRE DE GARCHEY

Le béton.

On désigne sous le nom de *béton* un mélange de mortier hydraulique et de cailloux, graviers ou pierres cassées de 3 à 6 centimètres de côté. Le béton est dit *gras* ou *maigre* selon que la proportion de mortier qui entre dans sa composition est grande ou petite, ou, mieux, selon que le mortier remplit tout ou partie des vides entre les pierres.

Pour déterminer l'importance de ces vides, on remplit des pierres devant composer le béton, un vase de capacité connue et on verse une quantité d'eau sur ces pierres suffisante pour affleurer leur niveau supérieur. Au cas où ces pierres seraient de nature spongieuse, il faudrait, avant de faire l'expérience, les laisser séjourner dans l'eau jusqu'à ce qu'elles aient absorbé toute la quantité d'humidité qu'elles peuvent retenir.

Dans un mètre cube de cailloux mêlés et de diverses grosseurs mais n'excédant pas $0^m,05$ de côté, le vide à remplir par du mortier est de $0^{m3},380$; pour les pierres cassées et les cailloux de grosseur à peu près uniforme, tout en ne dépassant pas la grosseur susdite, il est de $0^{m3},460$. Enfin il faut observer que, pour avoir un béton dont les vides entre les cailloux soient remplis, le volume du mortier doit être sensiblement 1/4 plus grand que celui des vides, afin de résister à la pression dans les murs de fondation.

Les bétons sont plus résistants et plus économiques que les maçonneries ordinaires jointoyées en mortier. On les emploie à sec en les coulant dans des moules pour en faire des blocs monolithes artificiels. Un mélange de 5 parties de sable et 1 de chaux pulvérisée donne un mortier très maigre, mais cependant utilisable et fort économique pour des fondations sur sol douteux.

Lorsque le béton n'est pas destiné à résister à la pression de l'eau, comme dans des fondations qui se trouvent au-dessous de la nappe d'eau, il n'y a pas nécessité qu'il soit imperméable, il suffit qu'il soit incompressible et qu'il résiste à la rupture ; alors le volume du mortier peut être égal et même inférieur à celui des vides des cailloux ou des pierres cassées. Si on a des cailloux très petits, au lieu d'y mélanger du mortier, on y ajoute de la chaux éteinte ; ce mélange fournit un excellent béton.

Avec un béton maigre formé de gravier de la Seine, mêlé avec 1/7 de son volume de chaux hydraulique éteinte, on a obtenu un tuf artificiel qui, soumis à la pression de l'eau, est resté étanche sous une charge de $0^m,40$; sous une charge plus forte, l'eau l'a traversé ; il avait coûté la moitié des bétons ordinaires.

On peut activer la prise des bétons en y mélangeant de la pouzzolane ou du ciment romain.

Dans le béton, au mortier et aux cailloux on substitue souvent des débris de carrières, des recoupes de pierres, des briques concassées, etc. On y introduit même de la pouzzolane, naturelle ou artificielle, des mâchefers, du strass, de l'argile ou du schiste calciné.

Le *béton aggloméré Coignet* est formé de chaux et de sable, fréquemment additionnés de matières étrangères [1].

Le *béton de coaltar* s'obtient en agglutinant à chaud des pierrailles et du sable au moyen des résidus du goudron de houille.

Le *béton d'asphalte* est un mélange de 5 °/₀ de bitume fondu avec 95 °/₀ de mastic asphaltique concassé.

On exécute des *pierres* artificielles en béton pour obtenir de forts blocs dont on fait usage pour fondations de jetées, digues, môles, etc.

Fabrication du béton.

Les bétons employés dans la construction se fabriquent soit manuellement au moyen d'un outil, sorte de griffe en fer à trois dents ou, plus économiquement, avec des machines.

Pour fabriquer le béton avec la griffe, on remplit 3 brouettes de cailloux et 2 avec la quantité proportionnelle de mortier, et on stratifie alternativement les cailloux et le mortier sur une aire en commençant par une brouettée de cailloux. Cela fait, on retrousse le tas à la

1. Voy. aussi pour plus de détails sur les bétons et pisés, le *Guide pratique du Constructeur.* LA MAÇONNERIE, par Demanet. (Bibliothèque des Professions.)

pelle, puis, avec des griffes, on l'étale de nouveau ; on retrousse la matière, puis on l'étale, et l'on continue ainsi jusqu'à ce que les cailloux soient entièrement enveloppés de mortier. Pour fabriquer un mètre cube de béton, il faut 7 heures 1/2 ; le prix en revient à 2 fr. 86.

La *machine à coffres,* composée de 10 coffres, avec 10 hommes à la manœuvre, peut fabriquer 35 mètres cubes de béton en 10 heures, revenant à 2 fr. 63 le mètre cube.

La machine dite *couloir-caisse à béton* (3 mètres de hauteur) donne le mètre cube de béton pour 1 fr. 57, mais elle ne peut être employée que pour de grands travaux.

Le couloir cylindrique en tôle de la bétonnière Schlosser peut fabriquer 1 mètre cube de béton en trois heures et demie au prix de 1 fr. 60 le mètre cube, non compris les frais de fabrication du mortier. Une bétonnière à couloir de ce genre compense ses frais d'installation dès que l'on a 100 mètres cubes au moins de béton à fabriquer. Une bétonnière de 200 francs, dit M. L.-A. Barré, peut fabriquer 50 mètres cubes de béton en dix heures. Les matières à mélanger, en tombant sur des plans inclinés, se mêlent bien plus intimement.

Le transport du béton à pied d'œuvre s'opère au moyen de brouettes, de wagonnets et de *coulottes,* caisses ou tuyaux rectangulaires en bois disposés verticalement ou obliquement et dans lesquels on verse le béton pour le conduire du niveau supérieur d'une fouille aux divers niveaux où son emploi est nécessaire.

Le béton s'étend en couches de 0^m,20 à 0^m,25 d'épaisseur et chaque couche est régalée et pilonnée. On a toutefois soin, avant d'exécuter ce pilonnage, de dégrader la surface des couches inférieures pour les raccorder avec les nouvelles sans solution de continuité.

S'il s'agit de couler le béton dans l'eau, on le descend à travers l'eau en le disposant dans des récipients de forme particulière appelés *trémies, caisses à renversement* ou *à fond mobile*.

La trémie est un tuyau en tôle de $0^m,50$ de diamètre et

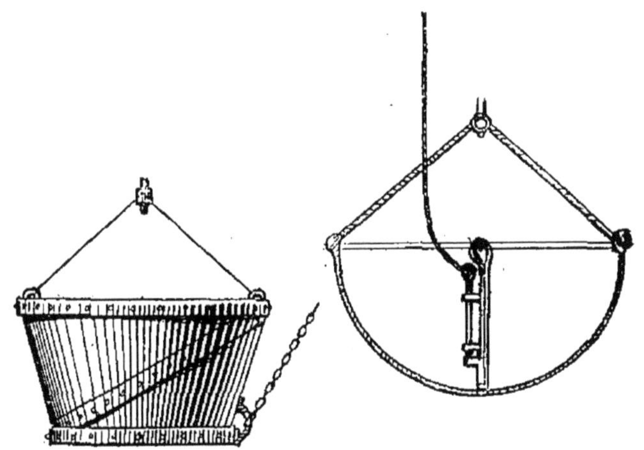

Fig. 80 et 81. — Trémie et caisse à renversement pour béton.

de longueur variable. L'appareil est porté par bateau. Le béton est versé dans l'entonnoir et tombe à l'emplacement voulu. Pendant le trajet le béton perd sa cohésion.

Les caisses à renversement, en tôle ou bois, ont la forme d'un tronc de pyramide renversé et peuvent contenir un mètre cube. Elles sont suspendues par une corde s'enroulant autour d'un treuil placé sur le bateau. Une autre corde permet de faire basculer la caisse lorsqu'elle est parvenue à la profondeur voulue.

Les caisses à fond mobile en tôle sont formées de deux quarts de cylindre accolés et réunis par l'axe commun. Leur adhérence est assurée par une clavette. Lorsque la caisse a été descendue à la profondeur nécessaire dans l'eau, on retire la clavette au moyen d'une corde; les deux quarts de cylindre s'écartent alors et livrent passage au béton.

Bétons pour usages maritimes. — Les proportions de chaux, de ciment et de sable à faire entrer dans la composition des bétons et mortiers destinés à être employés dans les constructions à la mer, doivent être établies de manière que la quantité de pâte soit à très peu près égale au vide du sable quand il s'agit de mortiers ou de bétons qui ne sont immergés qu'après la prise à l'air; si, au contraire, l'immersion doit être immédiate, on augmente la quantité de pâte d'environ 15 %, afin de parer à la perte de pâte produite par le délayage et la formation des laitances.

Pour les maçonneries de béton ou de moellons, la quantité de mortier doit être réduite à celle strictement nécessaire pour envelopper et relier entre eux les cailloux et les moellons. Pour le béton, cette quantité ne doit pas excéder le volume des vides des cailloux, augmenté de 1/10 environ quand il s'agit d'une immersion immédiate. Pour les maçonneries de moellons, on a observé que plusieurs éclats de pierre, reliés entre eux par un joint en mortier de chaux très peu hydraulique n'excédant pas 2 à 3 millimètres d'épaisseur, étaient susceptibles de rester indéfiniment soudés entre eux, bien qu'immergés dans l'eau de mer après la prise du mortier à l'air, tandis que des éclats de même pierre, reliés entre eux avec le même mortier et immergés dans les mêmes conditions, mais l'épaisseur des joints étant de $0^m,01$, n'étaient pas susceptibles de rester immergés plus de 15 à 20 jours sans que la décomposition du mortier eût lieu, et que les éclats fussent séparés. On doit donc préférer, pour les travaux à la mer, les maçonneries de moellons à celles du béton, tant que cette dernière n'est pas motivée par une immersion immédiate avant la prise du mortier.

Pierres artificielles moulées.

On vient de voir qu'il est possible de constituer, en mélangeant en proportions convenables du mortier de chaux et d'argile avec des cailloux ou du gravier, des blocs et des monolithes de toutes dimensions et qui, une fois pris et solidifiés, forment une véritable pierre artificielle. On conçoit qu'il est facile de tasser ce mélange ou béton dans des moules appropriés pour fabriquer des objets de toute forme : briques, tuyaux, et même des ornementations assez compliquées et qu'il serait coûteux d'exécuter à la main.

Les pierres artificielles moulées, à base de béton, sont fabriquées en France par plusieurs industriels, au premier rang desquels nous devons placer M. Gilbert Cuel et M. Paul Dubos.

M. Cuel emploie comme matière première de la pierre de taille dure ou demi-dure réduite par le broyage à l'état de grains ou de farine grossière. Cette matière est agglomérée à l'aide d'un mortier argilo-calcaire puis malaxée pour constituer une pâte plastique qui est pilonnée dans des moules en bois devant donner à la pierre le profil voulu.

Ce procédé s'applique à tous les objets dont la répétition, en dimensions exactement semblables, est fréquente en architecture : marches d'escaliers, balustrades, perrons, corniches et modillons de toute espèce. Mais ce n'est que dans ces conditions qu'il peut présenter une économie sur la sculpture, en raison du prix du moule.

D'autre part ce système est limité dans son extension par le prix élevé des transports qui empêche d'expédier au loin les moulages, dont le prix deviendrait absolument prohibitif. Il faut donc les employer dans un rayon restreint autour de l'atelier de fabrication et seulement dans les circonstances qui viennent d'être indiquées.

M. Cuel donne à son produit le nom de *pierre reconstituée* et il faut reconnaître les réelles qualités de cette pierre, sans armatures intérieures métalliques, et qui présente l'aspect de la pierre naturelle. Les pierres artificielles en agglomérés de béton sont celles qui se rapprochent le plus de la roche véritable comme dureté, densité et grain. Elles présentent donc un certain intérêt, dans les limites que nous avons tracées, et les ornements en pierre moulée ont devant eux un champ d'exploitation fructueux.

Silicatisation des pierres et enduits.

Les constructions en ciment ou même simplement les revêtements en ciment présentent encore des inconvénients que l'on a cherché à faire disparaître et on est arrivé ainsi à la fabrication des pierres artificielles.

La silicatisation des pierres et des parois en ciment a été indiquée en 1841 par M. Kuhlmann, industriel à Lille, dans le but de diminuer la porosité des matériaux, porosité qui peut les rendre gélifs. M. Kuhlmann démontra qu'en recouvrant de silicate de potasse les pierres les plus poreuses, on pouvait leur donner une dureté comparable à celle du marbre à la condition que l'imprégnation soit suffisante ; le procédé conduisit plus tard à la fabrication de pierres artificielles à base de silice gélatineuse.

Le silicate de potasse est préparé industriellement en faisant réagir de la lessive de potasse sur du tripoli à infusoires préalablement calciné, ou sur du quartz en poudre ; l'opération se fait à chaux, dans des autoclaves, sous une pression de 7 à 8 kilogr. — La solution obtenue marque 35 degrés à l'aréomètre Baumé et son prix est d'environ 30 francs les 100 kilogs.

Le silicate de potasse, qu'on appelle encore *liqueur de cailloux,* sèche très vite et est très adhésif ; il forme généralement la base des nombreuses colles proposées pour raccommoder la porcelaine, la faïence, le verre, le cristal, etc. ; Kuhlmann avait préconisé son emploi dans les peintures ordinaires pour remplacer l'huile de lin et l'essence de thérébentine.

Le silicate de potasse est employé pour rendre incombustibles les matières végétales (bois, tentures diverses) et la première application a été faite en 1840 par Fuchs au matériel du théâtre de Munich.

Le silicate de potasse est très utile comme enduit intérieur des cuves ou citernes en ciment destinées à loger du vin ou du cidre.

Avant d'appliquer la couche de silicate de potasse, il est bon de bien nettoyer préalablement la cuve et d'enlever le tartre qui a pu s'y déposer ; puis on doit affranchir les parois par un lavage à l'eau acidulée de 10 % d'acide sulfurique (un mètre superficiel de paroi nécessite environ de 10 à 15 grammes d'acide sulfurique). Après un ou deux rinçages, on laisse la cuve pleine d'eau pendant une dizaine de jours, au bout desquels on peut appliquer le silicate de potasse, en trois couches.

Pour la première couche on emploie une solution de 3 litres de silicate pour 7 litres d'eau ;

La seconde couche est passée avec une solution de 4 litres de silicate pour 6 litres d'eau ;

La dernière couche est donnée avec une solution de 5 litres de silicate pour 5 litres d'eau.

Chaque couche est appliquée, avec un tampon de chiffon ou un pinceau, sur la paroi préalablement bien sèche.

Fluatation (procédé Faure et Kessler). La fluatation est très recommandable. On enduit la surface avec une pâte formée d'eau et de poussière provenant de la pierre tendre ; on imprègne de fluosilicate. La pâte comme la pierre elle-même durcissent ; tous les pores de la surface sont bouchés, et l'on peut donner un poli comparable à celui de la pierre dure. Il faut procéder progressivement, en débutant par des liqueurs très étendues sur des surfaces bien sèches, afin d'empêcher que le dégagement trop vif de l'acide carbonique, pendant la réaction, ne soulève et ne projette la poussière de la pierre à durcir. En employant des fluosilicates colorés, comme ceux de cuivre, de chrome, de fer, etc., la pierre se colore dans sa profondeur, par formation de composés insolubles. On peut ainsi obtenir, à peu de frais, des effets décoratifs comparables à ceux du marbre.

On peut employer le noir de fumée, le bleu de Prusse et toute couleur résistant aux acides. Les bruns et jaunes bruns sont donnés par les fluosilicates de fer et de magnésie, le bleu verdâtre par les fluosilicates de cuivre, le vert-gris par les fluosilicates de chrome, le violet par les fluosilicates de cuivre, puis par une imprégnation de cyanure jaune. Enfin, le jaune s'obtient par les fluosilicates de plomb ou de zinc, suivis d'une imbibition de chromate et d'acide chromique, et les noirs s'obtiennent par le fluosilicate de cuivre ou de plomb, puis par un lavage au sulfhydrate d'ammoniaque.

Sable-mortier coloré. — On donne ce nom à un produit qui peut imiter ou remplacer la pierre naturelle dans les pays où elle manque ou lorsque cette dernière est trop coûteuse. Ce n'est pas une pierre factice, mais un véritable enduit qu'on travaille et qu'on moule comme le plâtre et qui, par la couleur, imite n'importe quelle pierre. Les ornements et moulures peuvent être taillés ou moulés dans la pâte fraîche ainsi que les profils qui se poussent au calibre. Ce sable-mortier coloré peut imiter, selon les colorations qu'on lui donne, la pierre, la brique, le porphyre, le granit, etc. Il faut 25 kilogs de ce produit pour faire un mètre carré d'enduit ; on l'emploie comme le plâtre et son gâchage se fait comme celui du ciment. Pour les crépis, on fait exclusivement usage de sable de rivière non vaseux ou de sable de carrière.

L'emploi du sable-mortier coloré comprend :

1° Le sous-enduit ou crépi, qui doit se faire avec moitié sable de rivière et moitié produit pierre tendre.

2° L'enduit à appliquer sur le précédent et qui doit être préparé avec le produit pur.

On dresse à la taloche, on achève à la truelle, puis on dresse avec la berclée de maçon, du côté des dents; on adoucit enfin les traces de coups de berclée en passant le même outil du côté du tranchant. On donne un coup de brosse pour terminer.

Le crépi ou sous-enduit ne doit pas avoir moins de 1 centimètre d'épaisseur. L'enduit de deuxième application doit avoir au minimum 1 centimètre également.

Dans le cas de moulures à traîner, entablements, bandeaux ou fortes saillies, on fixe dans le mur des rappointis mélangés de clous à bateaux pour alléger la charge.

Le dégrossissement des saillies se fait au moyen d'un mélange composé de moitié sable, jusqu'à ce qu'il soit réservé 1 ou 2 centimètres, selon la force des moulures; on achève au sable-mortier coloré rigoureusement pur.

Les murs ou les façades à enduire doivent être préalablement bûchés pour former des aspérités.

On met dans l'auge 3 ou 4 litres de bon sable de rivière ou de carrière et autant de sable-mortier coloré couleur pierre tendre; on mélange à la truelle, puis on verse l'eau nécessaire; on gâche un peu plus serré que le plâtre. On mouille à l'eau le gros œuvre qui doit recevoir le **premier** crépi, puis on jette et on dresse à la taloche; on forme les arrachements avec le coupant de la truelle. Ce crépi brut doit recevoir, 10 minutes après, une seconde couche ou enduit en sable-mortier coloré **pur**.

On met alors dans l'auge la quantité voulue de sable-mortier coloré, la couleur nécessaire, et on y ajoute l'eau qui donne un gâchage un peu plus serré que le plâtre.

L'eau de mer, ainsi que le sable de mer et des dunes, ne doivent jamais être employés avec ce produit.

Le sable-mortier coloré se vend, l'imitation de pierre tendre, 6 francs les 100 kilogrammes, de brique ordinaire 8 francs, de porphyre rose 10 francs, de granit 10 francs.

Pierres artificielles à base de silicate.

Les divers enduits silicatés que nous venons de passer en revue constituent, comme nous l'avons dit plus haut, un acheminement à la fabrication des pierres artificielles.

Celle-ci a pris une importance relativement considérable, en raison de ce fait que ces matériaux se prêtent ainsi au moulage, à la coloration, qu'ils ne sont pas gélifs, et que l'on peut s'assurer exactement de leurs conditions de résistance.

La fonction des silicates alcalins, ou verres solubles, comme constituants des pierres artificielles, est d'agir comme ciment, en formant avec les terres alcalines, l'alumine et l'oxyde de plomb, des silicates insolubles qui soudent entre elles les matières de remplissage (sable, quartzeux, cailloutis, granit, spath fluor, déchets de briques, argile brute ou cuite).

La masse peut être colorée en noir par l'addition d'une quantité de charbon ou de graphite pouvant atteindre 12 % (au maximum) de bioxyde de manganèse ou d'ocre ; en rouge par 6 % de colcothar ; en rouge brique par 4 à

7 % de cinabre ; en orangé par 6 à 8 % de minium ; en jaune par 6 % d'ocre jaune ou 5 % de jaune de chrome ; en vert par 8 % de jaune de chrome ; en bleu par 6 à 10 % de bleu de Neuwied, de bleu de Brême, de bleu de Cassel, etc. ; en blanc par 20 % (au maximum) de blanc de zinc.

Le vert de chrome et l'oxyde de zinc donneront une imitation de malachite, et on obtiendra une imitation de lapis-lazuli par l'emploi simultané de bleu de Cassel et de pyrites en grains. Les oxydes métalliques donnent des silicates correspondants, et l'oxyde de zinc mélangé de craie lavée donne un marbre brillant d'un éclat très chaud.

Les ingrédients sont mélangés dans des sortes de pétrins mécaniques munis d'agitateurs, en proportions variables suivant le titre de la solution de silicate alcalin.

Le tout est ensuite moulé ou comprimé par les procédés ordinaires.

L'imitation du granit s'obtient en mélangeant :

Calcaire............................	100 parties.
Silicate de soude à 42° Baumé...	35 —
Sable quartzeux fin...............	120 à 180 —
Sable grossier....................	180 à 250 —

Le basalte artificiel peut être préparé en ajoutant du sulfure de potassium et de l'acétate de plomb, en parties égales de minerai d'antimoine et de limaille de fer.

Pour obtenir le marbre artificiel, on mélange 100 parties de poussière de marbre ou de craie, lévigée avec 20 parties de verre pilé, 8 parties de calcaire fin et du silicate de soude. Enfin, on mélange la matière colorante, dont la proportion dépend de l'effet à obtenir.

On obtient un bon produit de moulage en mélangeant :

Silicate alcalin............................   100 parties.
Craie lavée...............................   100   —
Chaux éteinte...........................   40   —
   —   vive............................   40   —
Sable quartzeux fin....................   200   —
Verre pilé.................................   130   —
Terre d'infusoires   80   —
Ou spath fluor..........................   150   —

Il y a un fort retrait au durcissement.

On obtient un autre genre de pierre artificielle en mélangeant :

Chaux hydraulique ou ciment..............   50 parties.
Sable   200   —
Silicate de soude (en poudre sèche)........   50   —

On humecte de 10 °/₀ d'eau et l'on moule.

Enfin on peut employer un mortier hydraulique auquel on ajoute un silicate alcalin comme liant. La pierre ou l'objet moulé doit être recouvert d'une couche de fluosilicate.

Voici enfin, d'après la *Revue des produits chimiques*, la constitution d'une pierre artificielle dénommée la *Romaine* par ses auteurs, MM. Saint-Marc et Ducharme, et qui est essentiellement constituée par le mélange des corps suivants :

Ciment blanc,

Carbonate de chaux,

Chaux hydraulique,

Sulfate d'alumine,

Grès broyé,

Verre blanc broyé,

Eau.

MM. Saint-Marc et Ducharme se réservent, bien entendu, toutes proportions convenables des différents corps que nous venons de signaler et qui entrent dans la composition de ce produit. Toutefois, à titre d'exemple, ils indiquent les proportions suivantes :

Ciment blanc...................................... 69
Carbonate de chaux................................ 1
Chaux hydraulique................................. 30
Eau............... 38 o/° de la totalité des matières.
Sulfate d'alumine 10
Grès broyé.. 70
Verre blanc broyé................................. 30

Les différentes matières entrant dans la composition de ce produit sont mélangées dans les conditions ordinaires. Cette nouvelle matière pourra être livrée soit en poudre, soit en blocs préalablement séchés et durcis, travaillés d'ailleurs suivant les demandes.

Les usages de la pierre artificielle sont nombreux, en raison même des qualités particulières des matières qui la constituent et permettent de la mouler et de lui donner la densité, la forme, les colorations nécessitées pour l'application à réaliser. On peut en faire des blocs énormes pour la fondation des ouvrages de toute espèce : digues, jetées, ponts, etc. ; on peut enfin en faire des murs, des pavages et même des statues. La pierre artificielle se prête mieux et plus facilement que la pierre naturelle aux besoins si divers de l'industrie humaine.

L'acier de calcium.

Ce produit est une matière compacte, tenace, homogène, extrêmement dure, inoxydable, inaltérable par les agents atmosphériques, imperméable, inattaquable par les acides, mauvaise conductrice de la chaleur et de l'électricité. Sa densité est de 3,33, sa résistance à l'écrasement 2,500 kilos environ par centimètre carré. Il peut se buriner, se limer, se percer, s'étirer et se polir comme les métaux.

Ces qualités lui donnent une prépondérance incontestable sur les produits céramiques analogues. Il trouvera donc son emploi dans une foule de branches industrielles.

L'acier de calcium (produit céramique), ainsi nommé à cause de sa dureté et de la chaux qui entre dans sa composition, est formé de deux corps : le sable feldspathique et la castine calcaire. Mêlés ensemble dans une proportion qui peut varier, ces deux corps peuvent être moulés à froid et pressés d'abord, comme les briques et les tuiles, chauffés ensuite jusqu'à la haute température nécessaire à la vitrification, ou simplement fondus à la température de fusion, quand la matière est liquéfiée et coulée dans des moules, comme les métaux, la fonte, le bronze, etc., etc. Ils doivent en outre être recuits, afin de leur donner une certaine malléabilité et éviter les brisures qui se produiraient à la contraction par un abaissement trop brusque de température.

Ainsi produit, l'acier de calcium est blanc (pyroporcelaine), mais on peut le teinter à volonté par l'adjonction d'argiles ou d'oxydes métalliques aux matières premières qui entrent dans la composition.

On peut obtenir par ces méthodes des objets tels que pavés, briques, tuiles, carreaux, conduites de fumée, hourdis, dalles, tuyaux, revêtements, monuments funéraires, statues, ornements divers, etc., etc.

Les prix seront à peu près les mêmes que ceux des produits similaires qu'il est appelé à remplacer, et même inférieurs dans certains cas, tout en ayant une supériorité marquée.

Ce nouveau produit, composé par M. Bonnot, présente donc un réel intérêt, surtout s'il est bien exact que son prix de revient et de vente, en fabrication industrielle, est égal ou plutôt inférieur à celui des matériaux analogues. L'art des constructions et du bâtiment se trouvera ainsi doté d'un produit artificiel possédant des qualités spéciales et qui permettra de nouvelles combinaisons à l'esprit inventif des architectes.

La pierre de verre Garchey.

Le phénomène de la dévitrification du verre est connu depuis déjà fort longtemps. Réaumur l'étudia longuement vers l'année 1827 et il détermina les conditions dans lesquelles il se produit. C'est une transformation moléculaire analogue à celle que subit le phosphore blanc pour devenir du phosphore rouge : le verre, soumis à l'action d'une basse température, perd de sa transparence, et son aspect rappelle celui de la porcelaine. Un caractère nouveau et très spécial est le jaillissement de l'étincelle sous le choc du briquet sans laisser de trace apparente ; en même temps, les limites de résistance de ce verre au choc et à l'écrasement se trouvent notablement reculées.

La porcelaine de Réaumur ou verre porcelainique ne fut qu'un objet de curiosité qui ne put pénétrer dans la pratique, car les ustensiles fabriqués avec cette substance se déformaient ou se brisaient pendant les opérations de la dévitrification, et, par conséquent, le prix de ceux qui avaient résisté était très élevé.

Un céramiste français, M. Garchey, a repris le problème dont la solution avait échappé à Réaumur, et l'on doit reconnaître qu'en perfectionnant les procédés de l'illustre physicien, il est parvenu à surmonter toutes les difficultés et à rendre industrielle la pratique de la dévitrification du verre.

La nouvelle méthode opératoire a pour résultat de supprimer les inconvénients qui firent échouer Réaumur et ses disciples dans leurs tentatives. Nous la décrirons rapidement ici, avant de parler des nombreuses applications qu'a reçues ce nouveau produit.

Les verres qui se dévitrifient le plus facilement sont ceux qui contiennent en excès des bases terreuses, telles que la chaux, l'alumine et la magnésie ; les verres à vitres et surtout les verres à bouteilles sont dans ce cas. La matière première est donc presque pour rien, ces verres se trouvant à l'état de déchets en quantités illimitées. La fabrication est des plus intéressantes, et, en certains points, entièrement distincte des procédés jusqu'ici employés en verrerie. Après avoir lavé les tessons de bouteilles, on les réduit en fragments en les déversant dans un broyeur ; puis, afin d'obtenir des grains de grosseurs différentes, on les fait passer dans un classeur giratoire (à force centrifuge).

Après le classement des poudres de verre, on les dispose dans un moule en fonte et on les fait séjourner pendant une heure environ dans un four d'échauffement ; l'action de ce premier four est d'échauffer progressivement la matière, de façon que toutes les parties en soient, autant que possible, également dévitrifiées. Les molécules de verre sont alors réduites à un état de division extrême, par suite de leur pulvérisation ; elles éprouvent isolément l'action dévitrifiante de la chaleur, et cela très rapidement, puis chacune d'elles subit le phénomène séparément. En même temps, elles se ramollissent et forment bientôt une matière pâteuse très consistante.

On introduit ensuite le moule dans un four porté à 1,300 degrés, dans lequel on ne le laisse séjourner que quelques minutes.

C'est à ce moment qu'on passe le moule sous la presse hydraulique, où la matrice a été préalablement fixée. Un tour de roue et la pesante masse de fonte s'abat ; armée de couteaux latéraux, elle découpe la matière en même temps qu'elle la modèle. Cette opération d'estampage a, en outre, pour propriété de refroidir la pièce fabriquée et de lui donner assez de consistance pour qu'aucune déformation ne soit à redouter par la suite.

Enfin, on fait à nouveau séjourner les moules dans un four de refroidissement ; après quoi on n'a plus qu'à retirer la pièce de son enveloppe de fonte.

L'aspect du nouveau produit varie extrêmement. Suivant que le grain est plus ou moins fin, la pierre céramique ressemble à telle ou telle pierre, blanche comme celle d'Angoulême, bleue comme celle de Lausanne, imitant la pierre de taille, le ciment et même le marbre. Une remarque intéressante : la provenance des bouteilles influe aussi considérablement sur le produit obtenu ; c'est ainsi que les bouteilles d'eau de Vichy ne donnent pas la même pierre céramique que celles de

Vals ou d'Evian : la « bordelaise », la « chartreuse », la bouteille de vin du Rhin muent en belles pierres ayant leur caractère propre.

La *pierre de verre*, comme on la désigne, se présente donc sous forme de blocs ou de plaques de dimensions variables, qui peuvent recevoir les décorations les plus diverses : elles prennent à volonté les tons calmes de la pierre de taille ou le somptueux éclat des marbres les plus rares. On fabrique ces plaques, soit unies, soit ornées de dessins en creux ou en relief obtenus par une sorte d'emboutissage à l'aide de presses puissantes agissant sur la matière préalablement amenée à un état convenable de malléabilité. Ces plaques sont rendues rocailleuses sur une face, de manière à faciliter l'adhérence avec le ciment qui sert à les fixer ou à les réunir les unes aux autres dans une construction.

Il résulte des essais effectués au laboratoire des Ponts et Chaussées que la résistance offerte à l'écrasement par la pierre de verre dépasse 2,000 kilogrammes par centimètre carré, chiffre trois fois supérieur à celui donné par le granit. Pour l'usure, la pierre de verre vient immédiatement avant le porphyre, et elle est deux fois plus dure que la pierre de Comblanchien. Pour la travailler et y percer le moindre trou, il est nécessaire de faire usage d'outils en acier trempés au mercure.

Inaltérabilité, dureté, ingélivité, voilà de précieuses qualités que sont loin de posséder au même degré bien des matériaux de construction. Il faut y ajouter le bon marché, car la matière première, tessons de bouteilles et débris de verre, est d'un prix minime que n'alourdit pas outre mesure la main-d'œuvre de fabrication, et il en résulte que ce produit présente incontestablement un grand intérêt.

Les applications de la pierre de verre sont déjà fort nombreuses ; c'est principalement sous forme de dallage des chaussées, cours, vestibules, qu'elle a été utilisée, en raison de l'économie qu'elle procure en même temps qu'en raison de sa propreté et de son aspect décoratif et gai à la vue. Rappelons en passant l'usage qui en a été fait pour le pavage du pont Alexandre III, le Métropolitain de Paris et plusieurs hôpitaux, dont les salles d'opérations sont revêtues et dallées en pierre céramique.

Une expérience en grand de pavage des chaussées à l'aide de ce produit est actuellement en cours à Paris. Une partie du trottoir de la rue du Havre et de la place de la Madeleine, autour de la statue de Lavoisier, où la circulation est fort active, a été fait en verre, et l'on pourra ainsi se rendre compte de la durée de la pierre Garchey, comparativement à l'asphalte et au pavé de bois. Le prix de revient du mètre carré de pavage en pierre céramique est de 14 francs, tandis que le pavé de bois coûte 25 francs par mètre à la ville de Paris. De plus, il n'est pas trop glissant, son usure est moins rapide et il résiste au roulement des voitures et à l'action destructive des fers des chevaux, comme cela a été prouvé dans des essais antérieurement effectués à Nice et à Genève.

Devant les qualités présentées par le verre dévitrifié suivant les procédés Garchey, plusieurs verreries, tant en France qu'à l'étranger, se sont outillées pour fabriquer la pierre de verre, à l'aide de leurs résidus jusqu'ici inutilisés. On peut donc penser que ce produit pourra trouver des débouchés et être appliqué dans bien des circonstances. Une seule chose reste à bien déterminer : c'est son prix de revient, car l'utilisation des débris de verre pour cette fabrication ne paraît pas des plus pratiques et, en réalité, on s'est servi jusqu'à présent, comme matière première de cette pierre, du sable ordinairement utilisé en verrerie. Un avenir prochain nous édifiera, pensons-nous, sur le sort réservé à ce produit.

Nous arrêterons ici cette revue des nouveaux agglomérés dérivés du béton et qui ont donné naissance à l'industrie des pierres artificielles moulées. Nous pensons avoir montré les circonstances dans lesquelles ces matériaux sont suceptibles de rendre de réels services, et nous terminerons en reconnaissant qu'il reste encore beaucoup à faire dans cet ordre d'idées, notre temps étant surtout à l'imitation économique des produits naturels. Des centaines de brevets ont été pris depuis vingt ans sur la fabrication de ce genre de matériaux, et il est à croire que l'entreprise devra tôt ou tard faire une grande consommation des déchets et résidus de nombre d'industries, en raison de leur prix modique, résidus qui, convenablement mélangés avec des agglomérants choisis, pourront recevoir par le moulage toutes les formes voulues. On est d'ailleurs entré dans cette voie, comme on a pu s'en convaincre en lisant le chapitre précédent, et on peut supposer que, la preuve ayant été administrée, le mouvement se poursuivra, et que les agglomérés et matériaux artificiels auront désormais des applications de plus en plus nombreuses.

CHAPITRE X

LE BÉTON, LE CIMENT ET LE VERRE ARMÉS

Le béton, le ciment et autres agglomérés ont reçu, dans ces dernières années, pour des constructions de toute espèce, de très nombreuses applications qui ont mis en lumière leurs qualités et en même temps leurs défauts. Ces derniers ont pu être corrigés en grande partie, grâce à l'expérience acquise, et, au premier rang des modifications qui ont été apportées à la constitution ou à la préparation de ces matériaux, il faut mettre l'heureuse idée de l'adjonction à ces moulages, d'une armature métallique intérieure, armature ayant pour rôle et pour effet de consolider et de maintenir d'une façon inébranlable les agglomérés ainsi complétés.

Le ciment armé.

Le ciment armé, consiste, en principe, en un lit de béton coulé dans un moule en bois reproduisant la forme de la partie à construire, et dans lequel est encastrée une ossature en fer. Ce mode de construction présente des avantages caractéristiques et ses applications vont se multipliant tous les jours. Tout d'abord d'un usage restreint, son usage est devenu, on peut le dire, vraiment universel, en raison des qualités particulières qu'il possède. Si le ciment armé a été longtemps dédaigné par des ingénieurs officiels, c'est que l'on manquait d'une base scientifique pouvant expliquer la manière dont se comportait cette matière, dont l'usage était relativement récent, par rapport aux autres matériaux. On comprenait bien que le fer devait résister aux efforts de traction et le béton à ceux de compression ; mais on ne s'expliquait pas pourquoi le béton en se brisant prenait un allongement de 1/10 de millimètre environ et pourquoi le fer, ne donnant sous cet allongement que 2 kilos par millimètre carré, ces deux matériaux associés pouvaient résister à des charges bien supérieures sans se rompre.

A la suite de nombreuses expériences, M. Considère a montré « que le mortier possède cette propriété, dont l'importance pratique est grande, de pouvoir, quand il est armé de fer, supporter des allongements vingt fois plus grands que ceux qui déterminent sa rupture dans les essais usuels de traction. »

L'invention du ciment armé a produit une véritable révolution dans la construction ; bien qu'elle ne remonte pas au delà d'une douzaine d'années et que ses applications n'aient commencé à être connues que depuis trois ou quatre ans seulement, il est certain que les avantages nombreux de ce procédé l'indiquent d'une façon péremptoire pour bien des cas.

Aujourd'hui tout le monde fait du ciment armé, et il est même bien difficile à son inventeur de se défendre contre ses imitateurs.

Le principe de ce procédé est dans le domaine public, la seule chose qui constitue la propriété des divers industriels, consiste dans les moyens d'application.

Ce qu'il y a de certain, c'est que celui qui a inventé ou mieux qui a découvert le ciment armé, puisqu'il paraît que le procédé est vieux comme le monde, est un entrepreneur de maçonnerie, M. Hennebique, qui, d'ailleurs, a donné son nom au moyen d'application qu'il préconise : il en est le propriétaire et le dispensateur. Disons-le tout de suite, c'est ce procédé qui est le plus couramment employé chez nous et qui, sans contredit, a donné les meilleurs résultats et peut être considéré comme le plus sûr.

L'invention du ciment armé vient d'une nécessité devant laquelle on se trouvait, et qu'il fallait vaincre pour un cas particulier. L'opération, ayant été reconnue favorable, fut le point de départ de toutes les applications de la suite. M. Hennebique, ayant été chargé de construire une maison qu'on lui demandait incombustible, avait l'intention d'agir comme d'habitude, c'est-à-dire de n'employer que du fer, de la brique et de la pierre. Les matériaux étaient même arrivés à pied d'œuvre et les maçons allaient se mettre à l'ouvrage, lorsqu'à proximité des chantiers, une autre maison construite d'après les même procédés, prit feu ; la pierre tint bon d'abord, mais, sous l'action de la chaleur, les fers des planchers se dilatèrent dans des proportions telles, qu'ils démolirent toute la maison ; on peut donc conclure que, en cas d'incendie violent, l'emploi du fer, loin d'être un bien, peut être considéré comme un mal. En effet si les planchers avaient été en bois ils auraient tout simplement brûlé, mais les murs ne seraient sans doute pas tombés.

Devant ce désastre, M. Hennebique conseilla à son client de noyer les poutrelles de fer dans du béton ; de cette façon le métal ne se trouvant plus en contact direct avec les flammes n'en subirait que faiblement leur action et ne saurait nuire à l'édifice en cas d'incendie. C'était une idée heureuse en effet, mais il fallait penser aussi au poids considérable du système employé de la sorte, poids qui entraînerait sûrement à un surcroît de dépenses en obligeant de créer des murs plus puissants.

C'est alors qu'on eut l'idée de faire travailler le mortier, auquel on n'avait fait appel que comme isolant, et de lui demander de concourir pour sa part à la solidité de l'ensemble.

M. Hennebique tenta des essais, il moula les poutres en béton dans lesquelles il noya des tiges métalliques ayant la même longueur que la poutre elle-même et soumit ces deux pièces à une série d'expériences ; la première en faisant agir sur elles des charges pour s'assurer de la solidité de la poutre ; la seconde en l'exposant à un foyer intense pour se rendre compte de l'action de la chaleur sur le système. Les deux séries d'essais furent concluantes ; la poutre en ciment armé était très résistante et assurée de ne subir en rien l'action du feu.

Il fut reconnu que le béton dans lequel on avait noyé les tiges de fer possédait le même coefficient de dilatation que le fer lui-même, de sorte que l'ensemble constitué par l'assemblage de ces deux matériaux travaillait sous l'effet de la température comme s'il était constitué d'un seul et même élément. Il n'y avait donc pas lieu de craindre les dislocations ou déformations, une fois les poutres en place.

A première vue, on ne comprend pas très bien comment une poutre constituée de béton et de tiges de fer de petit diamètre puisse avoir une résistance suffisante pour porter des poids considérables. Au Petit Palais des Champs-Élysées, tous les planchers sont en ciment armé et, malgré la portée de 14 mètres des poutres, les essais ont été faits à raison de 1 500 kilogrammes par mètre carré, ce qui est un chiffre considérable.

Il est toutefois facile de se rendre compte comment se répartit le travail à l'intérieur d'une poutre en ciment armé. Dans une poutre quelconque, lorsqu'elle doit résister à un effort vertical du haut en bas, ce qui est l'effort le plus commun, toutes les fibres de la poutre ne travaillent pas de la même façon ; on conçoit que, cette pièce devant prendre sous le poids qui la charge une forme légèrement cintrée, les fibres supérieures auront tendance à se raccourcir et travailleront à la compression, tandis que les fibres inférieures seront sollicitées à s'allonger et travailleront à la tension : ceci est tellement vrai que, si on pratique dans une poutre en bois un trait de scie normal à son axe, de façon à n'entamer que les fibres supérieures, on n'aura rien changé à sa solidité ni à sa résistance.

Par conséquent, lorsqu'il s'agit d'établir une poutre en ciment armé, les tiges métalliques devront être placées à la partie inférieure, à l'endroit où le travail est tout entier de tension, et le béton sera réparti vers la zone surieure, c'est-à-dire dans la région où le travail est de compression.

Pour faire une poutre, ou tout autre élément de construction en ciment armé, il faut commencer par établir un moule en bois ayant intérieurement la même forme que la disposition extérieure de l'objet à construire.

S'il s'agit d'une poutre, ce moule se réduira à trois planches disposées convenablement. Il est indispensable que ce moule soit à la place même que doit occuper la poutre dans la construction, car celle-ci une fois terminée ne peut être transportée ; le propre du ciment armé étant justement d'être fabriqué à l'endroit même où il doit rester dans la suite.

Il est certain que le ciment armé, présentant un poids assez considérable, le moule qui servira à le fabriquer doit être soutenu par un échafaudage puissant qui le maintiendra jusqu'au moment du décintrage.

Dans le fond du moule, on dispose des tiges métalliques en nombre suffisant et établi par le calcul ; les tiges sont reliées aux murs sur lesquels la poutre doit être portée.

Les premiers ouvrages qu'on ait construit en ciment armé sont des dalles. L'armature des dalles du système Monier se compose d'un premier treillis de barreaux de fer rond de section variable suivant l'effort à supporter, placés de $0^m,05$, à $0^m,10$ d'axe en axe. Ces barreaux inférieurs, appelés tiges de résistance, ont à supporter l'effort exercé sur la dalle. Ils doivent être d'une seule pièce, et leur longueur est déterminée par la distance des supports de la dalle. Au-dessus, contre et perpendiculairement à ce premier treillis, il en est placé un second, formé de fers ronds de 3 à 6 millimètres de diamètre, placés à la même distance que le premier.

Ces barreaux, appelés tiges de répartition, peuvent être

de plusieurs pièces ; dans ce cas, les morceaux doivent se recroiser sur une longueur de 5 à 10 centimètres. A chaque croisement, les barreaux sont reliés par une attache de treillageur en fil de fer de 1 millimètre de diamètre. Si la dalle doit supporter des efforts considérables, on peut placer plusieurs treillis les uns au-dessus des autres, et reliés entre eux.

M. Cottancin se sert d'un fer rond de $4^{mm},5$ de diamètre, avec lequel il tisse un treillis à mailles plus ou moins serrées, suivant la charge à supporter, ou en plaçant de distance en distance des fers de plus grande section. Comme dans le système Monier, M. Bordenave emploie deux réseaux perpendiculaires, mais avec cette différence qu'au lieu de se servir de fers ronds, il utilise des fers minces, principalement en acier.

Les premiers planchers consistaient à faire reposer des dalles sur des fers à I . La dalle supérieure, qui constitue l'aire du plancher, repose sur les semelles inférieures. Pour diminuer la sonorité de ces planchers, on peut remplir l'intervalle de sciure de bois, brique pilée, etc.

Dans le but d'éviter les couchis et les étais en bois, M. Cottancin a imaginé d'employer de petites poutrelles qu'il appelle épines-contreforts. Ces poutrelles sont placées comme des solives en fer à I ; puis, à l'aide de carreaux de plâtre légèrement armé, on forme un plancher sur lequel on place le treillis et coule le mortier.

Les carreaux de plâtre sont placés au niveau supérieur des poutrelles, et maintenus à l'aide de tasseaux en bois qui reposent sur les boudins inférieurs ; on coule le béton et, lorsqu'il est pris, on enlève les tasseaux, qui tombent, et les carreaux de plâtre viennent se placer sur les boudins constituant le plafond.

On exécute en ciment armé des murs, réservoirs, tuyaux, etc. On a construit des ponts ayant jusqu'à 40 mètres de portée, des conduites d'eau ayant jusqu'à $1^m,80$ de diamètre, et supportant une pression de 40 mètres, pour l'assainissement de la Seine (système Coignet et Bonna), des hôtels particuliers, le lycée Victor-Hugo (système Cottancin), des établissements industriels (filature à Lille, système Hennebique), etc.

D'après MM. Coignet et Tédesco, un plancher de chambre de caserne de 6 mètres de portée, supportant 250 kilos par mètre carré, ne pèserait que 200 kilos au lieu de 250, pour un même plancher en fer laminé et traverses en bois.

Dans le premier cas, la hauteur serait de $0^m,18$ à $0^m,20$ contre $0^m,28$ à $0^m,30$ dans le second ; par conséquent, l'emploi du ciment armé permet de diminuer la hauteur des murs et le poids total de la construction.

Un plancher de magasin à blé pour 1,082 kilos de surcharge, et 5 mètres de portée entre colonnes, pèserait 350 kilos par mètre carré en briques creuses et fers laminés contre 280 kilos en ciment armé.

Une cloison composée d'un treillis en fer de $0^m,005$ de diamètre avec des mailles de $0^m,5$ de côté, contenant une épaisseur de mortier de $0^m,03$, ne pèserait que 70 kilos par mètre carré. Une cloison en briques creuses, mais résistantes, pèserait plus de 100 kilos.

D'après M. Coignet, un tuyau de 1 mètre de diamètre supportant une pression de 15 mètres d'eau, devint imperméable après quelques jours de service.

Des expériences faites à Berlin, au Caire, à Breslau, à Nuppes près de Cologne, ont montré que le ciment armé souffrait fort peu d'un incendie violent.

D'après une conférence faite en 1891 par M. Boileau, à la Société centrale des architectes, l'économie pourrait, dans certains cas assez rares, s'élever à 44 % sur les autres modes de construction.

En plus de ces multiples avantages, le béton armé possède celui de pouvoir épouser toutes les formes. Par contre, le ciment armé demande des ouvriers spéciaux, et parfois un coffrage dispendieux. Des dalles système Melan, de $0^m,76$ de largeur $\times$ $0^m,055$ d'épaisseur et $1^m,25$ de portée, ne se sont rompues que sous la charge de 5.000 kilos. Des planchers système Hennebique, essayés au laboratoire de Lausanne, en 1893, qui consistaient en une forte poutre et deux demi-dalles de $5^m,26$ de portée, furent soumis à une charge uniforme qui alla jusqu'à 5.000 kilos.

Un pont du même système, exécuté à Vif sur la Grasse, pour supporter une charge de 7 tonnes, n'a donné, avec une charge de 20 tonnes, qu'une flèche de $0^m,0007$, disparaissant avec la charge. Ce pont se composait de deux travées de 10 mètres de long sur 4 mètres de large.

Des expériences entreprises par l'Association des Ingénieurs-architectes autrichiens ont montré la grande résistance que peut acquérir le béton armé.

L'emploi du ciment armé, qui a pris depuis quelques années une extension considérable, est appelé à en prendre encore beaucoup plus. On peut signaler, parmi les emplois du ciment armé pouvant être employé sans coffrage, les dalles armées système Parsy, fabriquées dans des chantiers spéciaux ou sur place, pouvant ainsi être essayées avant l'emploi.

On a construit en ciment armé les appareils les plus divers ; nous pouvons citer en particulier les cheminées à titre de curiosité et parce qu'en Amérique ce genre de construction a pris un développement considérable.

La Ransome Concrete Company vient de terminer ainsi, d'après la *Railroad Gazette*, l'érection à Elizabethport (New-Jersey) d'une cheminée en béton armé. Il en existe une autre, depuis trois ans, à Bayonne (N.-Y.) qui ne mesure pas moins de 45^m,75 de hauteur pour une épaisseur de parois de 0^m,305 et qui a essuyé déjà un certain nombre de violentes tempêtes.

On peut donc dire que le béton armé a fait ses preuves dans cet ordre d'applications, aussi croyons-nous intéressant de donner quelques détails sur la cheminée d'Elisabethport :

C'est une cheminée cylindrique de 2^m,57 de diamètre et 38 mètres de hauteur. Son poids de 260 tonnes produit une pression sur la base de 10 kg. 39 par centimètre carré. La poussée admise pour la pression du vent a été de 98 kilogrammes par mètre carré.

Le béton employé, mélangé mécaniquement, se compose de : une partie de ciment, 3 parties de sable, 5 parties de calcaire de la Hudson River broyé.

La méthode employée dans la construction est tout à fait nouvelle. Aucune fondation n'est établie. Le sol est simplement nivelé, et le béton coulé en une galette d'assise de 6 mètres de diamètre dans laquelle sont noyées, suivant les directions radiales, un grand nombre de barres de fer rectangulaires tordues en spirale et à froid. Les constructeurs trouvent, à l'emploi de fers tordus à profil rectangulaire, le double avantage de mieux faire corps avec la maçonnerie en raison même des nervures qu'ils présentent et d'offrir une plus grande résistance à la traction.

Mais le monument qui atteint la plus grande dimension actuellement et détient le record en ce genre de construction, est celui des usines de la *Plymouth Cordage Cy*. La cheminée dont il s'agit n'a pas, en effet, moins de 67 mètres, et son diamètre intérieur atteint 2^m,45. Pour ne pas employer de matériaux inutiles, on a formé sa paroi de deux enveloppes en ciment armé, séparées par un espace vide, cet espace diminuant depuis le bas jusqu'en haut du fût, de manière à ne plus être que de 25 millimètres au sommet. La paroi intérieure est verticale, tandis que l'autre est inclinée avec un fruit variable suivant plusieurs troncs en sens inverse. Le sommet de la cheminée est garni de plaques de fer qui protègent le ciment des intempéries.

Pierres artificielles armées.

Nous devons à Monier, à G. Wayss, Koenen et leurs successeurs l'introduction du ciment armé dans la technique de la construction.

D'autre part nous savons par Michaëlis et Olschewsky, qu'un mélange humide de chaux et de sable traité par la vapeur d'eau sous pression, acquiert après le moulage une qualité qui le fait ressembler considérablement au mortier de ciment durci.

La réunion de ces deux moyens fait l'objet d'une invention brevetée en Allemagne, sous le n° 122.898. Les expériences ont démontré que, si l'on comprime autour d'un squelette ou armature en fer, un mélange composé d'environ une partie de chaux et 9 parties de sable, et si l'on expose le moulage de cette masse à la vapeur d'eau sous pression, le produit qui résulte de cette opération peut être favorablement comparé, au point de vue des qualités techniques et physiques, au ciment armé de Portland.

Il ne résulte aucun inconvénient des différents coefficients de dilatation des matières en présence et la cohésion entre le mortier durci et le fer est parfaite.

L'avantage économique de ce nouveau procédé consiste dans l'utilisation du procédé Michaëlis, lequel permet de se servir d'un mortier de chaux dans le rapport de 1/10, tandis qu'avec du mortier de ciment Portland, le rapport est 1/5, par exemple, comme dans le procédé Monier.

L'avantage technique réside dans une grande rapidité d'exécution, de même que dans un commencement de dilatation du fer, qui s'accuse principalement dans les grosses pièces. Comme la dilatation du fer est plus grande que celle du mortier humide, il se produit pendant le chauffage un allongement de l'armature dans le mortier, qui reste acquis pendant l'opération du durcissement et détermine un retrait dans le fer pendant le refroidissement subséquent.

Le verre armé.

Ce produit nouveau et d'apparition assez récente en France est totalement distinct du résultat de quelques essais sans suite qui furent tentés antérieurement, lesquels, du reste peu connus, n'eurent jamais d'application sérieuse. Il s'agit donc d'un matériel réellement nouveau, formé de ce verre de Bohême, si dur et si résistant, étroitement allié à une armature métallique, avec laquelle il forme comme une véritable combinaison et plutôt un alliage nouveau, que la simple combinaison de deux matériaux connus. La qualification d'alliage n'est qu'une figure, mais elle dépeint bien le verre armé et quels avantages jusqu'ici insoupçonnés sont désormais acquis par son usage.

Le verre ordinaire, par sa transparence, est un corps précieux, mais qui laisse cependant une grosse lacune, en raison de sa fragilité excessive. Dans certains emplois et notamment pour toutes les applications du verre à la construction, cette fragilité devient un grave inconvénient.

Que l'on considère alors une plaque de verre portant intérieurement une armature métallique, formant corps avec elle et l'on aura l'intuition, toute spontanée, que cette association doit combler la lacune laissée par la fragilité du verre.

En fait, l'application du verre armé confirme en tous points cette attente. La chaleur la plus violente d'un incendie, pas plus qu'une charge excessive, ne peut avoir raison du verre armé et, quelque surprenante que puisse être cette assertion, elle est cependant rigoureusement exacte. En effet, tandis que le verre ordinaire vole en éclats à la moindre langue de feu, le verre armé, grâce à son armature métallique, peut résister aux plus hautes températures sans être détruit et, si, après être surchauffé, il se fendille et arrive même jusqu'à la fusion, il n'en reste pas moins étanche, sans laisser la moindre ouverture pour le passage des flammes et de la fumée.

De très récentes expériences faites officiellement à Paris d'après les ordres de M. le Préfet de Police, sous la Direction de l'État-Major du régiment des Sapeurs-Pompiers sur le verre armé des usines de Neusattl, ont donné les résultats les plus concluants, qui ont été relatés dans un rapport officiel.

Ces expériences furent proposées par le Congrès International d'Incendie, réuni à Paris à l'occasion de l'Exposition Universelle de 1900 pour déterminer la résistance au feu de certains matériaux présentés par divers industriels. Deux pavillons furent édifiés : l'un en briques gypso-calcaires, l'autre en ciment-armé, et chacun d'eux comportait un panneau d'épreuve en verre armé.

Ces panneaux se sont très bien comportés. Le premier (température du pavillon 1150 degrés) s'est fendillé dès le début, mais a parfaitement tenu pendant toute l'opération et a résisté au jet d'une lance. Il laissait passer suffisamment de chaleur rayonnante pour enflammer un madrier placé à 0^{m},20 ; toutefois il semblait étanche aux gaz de la combustion.

Dans le pavillon gypsocalcaire (température 1450 degrés) le verre ne se fendit que 24 minutes après l'allumage, mais resta dans cet état et se comporta très bien. Mais il s'écroula dans le foyer, par suite de la destruction de la porte en bois sénilisé ; après l'extinction de l'incendie, ce châssis fut retrouvé, le verre était fondu mais était resté adhérent aux alvéoles formées par le grillage métallique.

Enfin le châssis du pavillon en ciment armé fut laissé en place et servit à une deuxième expérience. Il se comporta aussi bien que pendant le premier incendie et résista à nouveau au jet d'une lance.

En résumé, les verres armés sont très solides et présentent une résistance au feu remarquable; il y aurait intérêt à les recommander dans les théâtres et pour tous les châssis vitrés de toitures et portes de communication.

Cette qualité d'indestructibilité du verre armé sous l'action du feu est très précieuse, car toutes les constructions, établissements industriels, dépôts ou magasins, dont les vitrages sont faits de verre armé, se trouvent complètement isolés des constructions voisines en cas d'incendie, tant pour la propagation des sinistres que pour l'extension à l'extérieur des incendies qui y éclateraient. Dans le même ordre d'idées, il faut encore remarquer que le verre armé, plus que tout autre verre, est insensible aux variations de température, grâce au réseau métallique intérieur qui permet une meilleure et plus rapide répartition de la température ambiante dans la masse de verre. Enfin, sous le rapport de la lumière, le verre armé répond à tous les desiderata, quelles que soient sa teinte et la force de l'armature intérieure, résultat dû à la grande perméabilité du verre de Bohême à la lumière, perméabilité qui est souvent supérieure à celle du verre blanc, surtout lorsque celui-ci est strié, ce qui facilite les dépôts progressifs de poussières, lesquels l'obscurcissent à la longue.

La qualité prédominante du verre armé est son indestructibilité, laquelle est due à sa grande résistance aux chocs et à une force portante extrême. Le verre fait corps avec son armature interne, qui possède le même coefficient de dilatation que lui, et retient les éclats détachés par une cause quelconque.

A première vue, le prix du verre armé présente une différence assez sensible avec celui du verre ordinaire, ce qui en somme n'est que rationnel, en raison des difficultés de la fabrication du premier, pour obtenir ce résultat de le rendre insensible à l'action de la dilatation comme à celle de la contraction.

Cette différence ne constitue cependant qu'une première mise de fonds, bientôt largement récupérée, par suite de la durée de service à peu près illimitée du verre armé, et de l'économie dés dépenses continuelles nécessitées par l'entretien, la réparation et le remplacement successif des vitrages en verre ordinaire.

Une autre économie plus immédiate résulte de la suppression des grillages protecteurs, que les règlements de police ordonnent d'employer et qui sont rendus superflus par l'application du verre armé, ce qui, en outre de l'économie et de la plus grande simplicité, assure aussi une plus grande propreté, car chacun peut apprécier quelles difficultés présente le nettoyage d'une toiture vitrée sous un grillage.

M. Léon Appert a fait en 1902 une communication très remarquée à la Société des Ingénieurs civils sur le *Verre armé* et ses applications. Voici le résumé de cette conférence :

Avant de décrire les nombreux procédés qui ont été proposés en France et à l'étranger pour fabriquer ce verre, M. Léon Appert a rappelé les propriétés du verre

en général et celles qui lui font plus particulièrement défaut et qui en limitent l'emploi, l'interdisant même dans
un grand nombre de circonstances.

Ces propriétés, peut-on dire négatives, sont son manque d'élasticité et sa faible cohésion.

Il rappelle quels sont les procédés qui ont été proposés pour remédier à ces inconvénients inhérents à
l'emploi du verre et il cite, en particulier, le procédé de
M. de la Bastie destiné à produire un verre doué d'une
élasticité toute spéciale et, par suite, beaucoup moins
fragile que le verre fabriqué dans les conditions ordinaires : ce verre était obtenu en utilisant les phénomè-
nes qui accompagnent ordinairement la trempe et en y
procédant à l'aide de liquides appropriés. Ce verre avait
reçu le nom de *Verre trempé*.

Il cite également le procédé expérimenté en France,
en particulier par M. Desmaisons, en Allemagne par
M. Siemens, basé sur le même principe, et destiné à produire un verre plan ou un verre de vitrage auquel avait
été donné le nom de *Verre durci*.

M. Léon Appert rappelle qu'on a pu, fort heureusement, utiliser dans ces dernières années une autre propriété que possède le verre et qui est celle de se souder à
chaud avec certains métaux et particulièrement avec
le fer, à l'état de fer pur ou d'acier. Cette propriété a
permis d'obtenir un produit répondant, en grande partie,
aux conditions de résistance et d'emploi demandées, sous
la forme de verre plan ou verre destiné au vitrage : il a
reçu le nom de *Verre armé*.

Il est caractérisé par l'introduction dans son épaisseur
d'un réseau métallique de fer ou d'acier placé à égale

distance de chacune des faces de la feuille de verre.

Les nouvelles propriétés que le verre a ainsi acquises sont la *ténacité* et la *cohésion*.

Pour que le verre armé possède ces propriétés indispensables, il est nécessaire qu'il remplisse certaines conditions dont les principales sont : que la soudure du réseau métallique et du verre soit complète dans toutes ses parties, que cette soudure soit permanente, que le réseau soit placé d'une façon régulière et à égale distance autant que possible des deux faces de la feuille de verre. Le réseau métallique est formé de fils d'acier ayant comme trempe et comme aspect une grande analogie avec les cordes à piano.

Il résulte des essais pratiqués tant en Europe qu'aux États-Unis où l'usage du verre armé est très répandu : que la résistance du verre armé par centimètre carré peut être estimée à 215 kilos, qu'au point de vue de la sécurité il convient de n'employer que des feuilles de $0^m,50$ de large au plus, la longueur étant indifférente. La résistance particulière du verre armé a du reste été constatée au cours de nombreux incendies aux États-Unis. M. Appert cite notamment l'incendie de l'établissement Armour à Chicago. Au mois de mai ce vaste établissement a été dévoré en quelques heures par un incendie ; les bâtiments étaient enclavés dans de grandes constructions appartenant à d'autres industriels ; le verre armé dont étaient garnies toutes les fenêtres des ateliers a permis, par sa résistance, d'éviter un désastre plus étendu. Pendant trois heures, ce verre a résisté sans défaillance aussi bien à l'énorme température développée par l'incendie qu'à la pression de l'eau envoyée par les lances des nombreuses pompes à vapeur, sous une pression de 8 kilos par centimètre carré.

M. Appert a insisté, dans sa conférence, sur la nécessités d'avoir des réseaux exempts d'altérations de quelque nature qu'elles soient, et il signale à ce propos les procédés proposés pour en opérer le nettoyage ou pour en empêcher l'altération.

Passant aux procédés de fabrication ou d'incorporation proprement dits, il cite, parmi tous ceux qui ont été imaginés en France, en Allemagne, en Angleterre ou aux États-Unis, les deux procédés qui, seuls, ont jusqu'ici donné satisfaction, au point de vue de la fabrication et du prix auquel ils permettent de produire le verre armé.

Ces procédés sont : le procédé *Shuman,* auquel, aux États-Unis, on a donné le nom de procédé *solid,* et le procédé *Appert,* auquel on a donné le nom de procédé *sand-wich,* qualifications destinées à rappeler les conditions dans lesquelles s'opère la fabrication pour chacun d'eux.

Ces procédés, regardés comme le type des moyens de fabrication les plus complets et les plus réussis qui aient été proposés, ont été successivement imités, sous le prétexte de les perfectionner, par un grand nombre d'inventeurs auxquels des brevets ont été accordés postérieurement.

Il montre, au moyen de projections schématiques, le mode de fonctionnement de chacun de ces procédés, en insistant sur les analogies qu'ils présentent avec les deux procédés précités : le procédé *solid* et le procédé *sand-wich.*

Il décrit ensuite la nature des essais qui ont été faits sur les verres armés de diverses provenances fabriqués jusqu'ici. Nous avons expliqué plus haut en quoi ont consisté ces expériences ; il nous semble inutile d'y revenir.

M. Appert a signalé encore une autre application qu'il est bon d'envisager, celle du verre armé pour les devantures, au point de vue de l'effraction par les voleurs. Il est impossible de casser ce verre, au moins sans qu'on l'entende : dans les maisons de banque, aux États-Unis, cette application rend les plus signalés services. M. Bodin ayant demandé s'il existe un rapport connu entre la résistance du verre et la dimension de la maille ou du fil employé, M. Appert a répondu qu'on n'a pas fait d'essai dans ce sens, mais que la résistance est indépendante de ces dimensions. Il semble toutefois que le verre à maille carrée, où les fils sont croisés, est plus résistant à la flexion. La Compagnie de Saint-Gobain, à la suite de ces essais, a trouvé préférable l'emploi de ce verre : aux États-Unis, on n'attache aucune importance à cette question.

Tel est l'état, à l'époque où nous écrivons ce livre, de l'importante question du verre armé, dont les applications vont se multipliant de jour en jour, à mesure que ce produit est plus connu et mieux apprécié.

CHAPITRE XI

LES PAVAGES

On emploie, pour les pavage des cours et des chaussées, de nombreux matériaux. En première ligne, nous devons naturellement placer les pavés de grès, puis le
macadam, formé de roches diverses concassées en fragments de grosseur déterminée, les dalles de granit, le
bitume d'asphalte et le pavé de bois.

Tous ces pavages étant constitués avec des produits
naturels, qu'il suffit de mettre en œuvre avant de les disposer à leur place définitive, nous ne nous en occuperons
pas ici, et nous nous bornerons à passer en revue, dans
ce chapitre, les divers pavages composés de matériaux
artificiels de diverse nature, tels que l'asphalte, le kéramit, la brique, le béton, etc.

Pavages en asphalte.

Il existe en France de nombreux points où l'on peut
rencontrer, dans de bonnes conditions d'exploitation,
des calcaires bitumineux. C'est le cas, entre autres, de
la mine du Champ-des-Pois, située sur la rive gauche de
l'Allier, à proximité de Pont-du-Château (Puy-de-

Dôme). Ce calcaire constitue une couche de 7 mètres de puissance, reconnue sur une longueur de 5 kilomètres, suivant la direction Nord-Sud et sur une largeur de 1.500 mètres. Il est remarquable tant par sa richesse en bitume, qui est en moyenne de 12 pour cent, que par sa régularité d'imprégnation.

Ce calcaire bitumineux, finement broyé, au moyen d'appareils spéciaux, dans une usine qui se trouve à environ 500 mètres de l'entrée de la mine, constitue la poudre asphaltique qu'il s'agit d'agglomérer. Pour cela, on commence par la chauffer à une température de 120 degrés environ, pour la débarrasser de son humidité et chasser en même temps les huiles légères qui se trouvent dans le bitume d'imprégnation. Le chauffage s'effectue dans des torréfacteurs animés d'un mouvement continu de rotation, de façon à bien répartir la chaleur dans la masse et à opérer le mélange bien intime de ses diverses parties.

La poudre ainsi préparée est distribuée dans des moules, où elle est soumise à une pression de 600 kilos par centimètre carré, fournie par des presses hydrauliques spécialement construites à cet effet. Une Société qui exploite ces mines d'asphalte a fait construire des presses qui permettent de donner la même pression sur les deux faces des pavés. Ce perfectionnement dans la fabrication a une importance toute spéciale quand il s'agit de pavés de forte épaisseur qui, en raison de leur emploi pour les chaussées, doivent nécessairement avoir une résistance égale sur les deux faces. Or, il est impossible d'obtenir ce résultat en comprimant le pavé sur une seule face, par suite du frottement des particules entre elles et sur les parois des moules, frottements dont la valeur augmente avec l'épaisseur des pavés.

Les chaussées en pavés d'asphalte ne se comportent pas comme les chaussées en asphalte comprimé sur place. Ces dernières ne subissent au moment de leur établissement qu'une compression relativement faible, qui se complète par le roulage, et ce n'est qu'après une circulation assez prolongée que la partie superficielle acquiert la résistance maxima correspondant à l'importance des charges qu'elle a supportées.

Les pavés d'asphalte, au contraire, étant fabriqués sous une pression bien supérieure à celle qu'ils sont appelés à subir du fait de la circulation, permettent d'établir des chaussées incompressibles, indéformables, et dont l'usure doit être uniforme, pourvu que tous les éléments superficiels présentent la même résistance. Or, ce résultat est atteint par la double compression.

Au sortir des moules, les pavés ont une couleur brunâtre, qu'ils ne tardent pas à perdre sous l'influence des rayons solaires. Ils prennent alors une teinte d'un gris blanchâtre, qui est bien plus agréable à l'œil. On peut rappeler à ce propos que l'action de la lumière sur le bitume de Judée fut utilisée par Niepce, en 1826, dans ses premiers essais de photographie.

Pavage sytème Leuba.

Les populations urbaines se sont toujours montrées sensibles aux efforts faits pour améliorer les voies publiques et se sont vivement intéressées à chacun des perfectionnements imaginés pour répondre aux besoins d'une circulation toujours plus intense. Les premières chaussées en asphalte monolithe, de même que le pavé de bois, ont provoqué un grand enthousiasme et un véritable engouement, et nombreux étaient ceux qui ont cru alors à la réalisation complète du problème difficile et délicat qu'offre l'établissement rationnel des voies à grande circulation.

La perfection n'étant pas de ce monde, il a bien fallu constater que les nouveaux systèmes présentaient de nombreux inconvénients, malgré l'immense progrès réalisé par leur application. C'est pourquoi les recherches ont repris de plus belle dans ce domaine si important des sciences techniques et l'ont déjà enrichi de plusieurs nouveaux sytèmes qui présentent, sur leurs aînés, de réels avantages.

Une chaussée urbaine moderne doit être insonore, résistante et hygiénique ; sa surface doit être unie, sans toutefois devenir glissante, et elle doit être belle, pour que son aspect ne dépare pas les constructions monumentales qui l'entourent. On demande à la chaussée de s'adapter exactement aux rails des tramways qui la sillonnent et de ne pas rendre trop difficile ni onéreuse l'exécution des fouilles pour les nombreuses canalisations. Elle ne doit pas, enfin, et c'est là un point essentiel, être trop coûteuse, ni dans son établissement, ni dans son entretien.

Le pavé de bois ne répond pas à ces dernières exigences, et on lui reproche, en outre, de servir de lieu de ralliement aux légions d'êtres infiniment petits, ennemis déclarés de la santé publique. La chaussée en asphalte monolithe donne satisfaction à bien des points de vue et paraît être tout d'abord ce que l'on peut souhaiter de mieux. Mais le procédé actuel de sa fabrication ne permet malheureusement pas de donner à sa surface une résistance égale partout, à cause de la compression irrégulière et souvent insuffisante de la couche d'asphalte; en conséquence, l'usure n'est pas uniforme, et bientôt les dénivellations et les flaches même minimes donnent à sa surface un aspect fâcheux. En outre, les fouilles sont coûteuses dans les chaussées en asphalte monolithe, parce qu'il faut briser, puis rétablir la fondation en béton. Enfin, ces chaussées deviennent très glissantes en temps humide ou en cas de verglas.

C'est en reconnaissant les avantages incontestables de l'asphalte appliqué aux chaussées que l'inventeur du pavé système « Leuba » a cherché à supprimer les inconvénients énumérés ci-dessus. Ce pavé, fabriqué depuis plusieurs années par la Société Suisse de pavage système Leuba, à Peseux-Neuchâtel, a été introduit dans différentes villes et en particulier à Neuchâtel, où l'importance et la durée des expériences ont permis de juger définitivement ce nouveau système.

Le pavé Leuba est un parallélipipède de 11×22 centimètres et de 10 à 12 centimètres de hauteur, composé d'un socle en béton recouvert d'une chape en asphalte comprimé. Le béton de première qualité se compose de ciment et de sable siliceux bien criblé et lavé. Par un procédé spécial, et au moyen d'une presse puissante, le béton et l'asphalte sont fortement comprimés et rendus absolument adhérents l'un à l'autre. Les arêtes supérieures de la couche d'asphalte sont rabattues au moyen d'un chanfrein. La grande régularité de ces pavés, résultant de leur fabrication mécanique, assure le contact complet de leurs surfaces entre elles et rend inutile une fondation de béton. Pour construire une chaussée par le procédé Leuba, il suffit de préparer une fouille de 22 à 25 centimètres de profondeur, de pilonner fortement le fond du caisson, d'y étendre ensuite une couche de gravier bien damée, de 10 centimètres d'épaisseur, puis une couche de sable mélangé d'un peu de chaux hydraulique. Cette dernière couche est soigneusement nivelée, conformément au bombement de la chaussée. Il ne reste plus qu'à placer les pavés en les serrant avec soin les uns contre les autres, les joints croisés, et à remplir ceux-ci avec un coulis de chaux mêlé à un peu de sable fin.

Ce procédé ayant donné de bons résultats et étant le plus économique, est exclusivement employé à Neuchâtel. Mais, lorsque le sous-sol est très mauvais, on peut remplacer la couche de gravier par une couche de béton maigre de même épaisseur, ainsi que cela s'est fait à la rue d'Aarberg, à Berne. Dans ce cas, on diminue l'épaisseur du socle en béton du pavé, dont la hauteur totale est ainsi réduite à 8 centimètres.

Les premières applications du pavé Leuba, à Neuchâtel, ont été faites en 1898, dans des circonstances extrêmement défavorables, dans un espace de temps absolument insuffisant, par une pluie continuelle et sur un sol complètement détrempé. La qualité des pavés et leur mise en œuvre en ont nécessairement souffert, mais les expériences faites ont permis de reconnaître d'autant plus sûrement la valeur du système et de constater toutes les précautions à prendre pour assurer un travail irréprochable.

L'asphalte doit contenir la dose voulue de bitume, dose indiquée par les expériences concluantes faites jusqu'ici. L'asphalte trop gras s'amollit par la grande chaleur et les chanfreins des joints disparaissent très vite. L'asphalte trop maigre, dont le calcaire n'est pas assez imprégné de bitume, s'effrite, par contre, et s'use rapidement sous l'action des véhicules. De pareilles surprises ne sont plus à redouter aujourd'hui, car l'asphalte est soumis en fabrique à des essais rigoureux et exacts qui écartent toute matière n'ayant pas la plasticité et la cohésion voulues.

Si l'on prend les précautions nécessaires pour la pose on obtient une chaussée d'un très bel aspect, insonore et pas glissante, dont la surface reste bien unie et ne s'use que très peu. L'asphalte acquiert très rapidement une grande dureté sous l'action des roues, et quoique les chanfreins des joints diminuent peu à peu, on n'a pas pu constater une usure appréciable du revêtement asphaltique. Le prix de revient de la chaussée en pavé Leuba est sensiblement inférieur à celui des chaussées en asphalte comprimé ou en planelles d'asphalte ; les frais d'entretien sont très modérés. Mais le plus grand avantage du système, avantage qui n'a d'ailleurs été réalisé complètement qu'après des années de tâtonnements et d'essais, est dû à la facilité avec laquelle on peut enlever les pavés pour les remplacer ou les reposer. En travaillant avec soin, le déchet provenant du dépavage n'atteint pas 30 % des pavés déplacés, et on a pu réduire ce déchet à 15 et 20 % pour des fouilles pratiquées à travers des passerelles en pavés Leuba.

A côté du pavé ordinaire pour chaussées dont la chape asphaltique a 30 à 35 millimètres d'épaisseur, la Société suisse de pavage système Leuba, à Peseux, fabrique des pavés spéciaux dont les dimensions sont réduites et dont la chape en asphalte n'a que 20 millimètres d'épaisseur. Ces pavés ont trouvé de nombreuses applications dans plusieurs villes de Suisse, où ils ont été employés avec succès pour les trottoirs, cours, passages, terrasses, etc. La Compagnie des Tramways de la ville de Berne a en outre placé sous les rails d'une partie de son réseau un type spécial de pavé Leuba, de 29 $\times$ 14 centimètres et 8 centimètres de hauteur, avec couche asphaltique de 35 millimètres d'épaisseur. Ces pavés, placés directement sous le rail et sur un muret de béton, donnent à la voie une grande élasticité, assurent un roulement très doux et diminuent sensiblement le bruit, surtout sur les ponts.

A Neuchâtel, depuis 1898, on a pavé selon le système Leuba une place publique, deux rues et deux trottoirs, ainsi que plusieurs passerelles, tant sur le domaine public que chez des particuliers. L'ensemble de ces surfaces comprend environ 2.500 mètres carrés.

Pavage en asphalte caoutchouté.

Ce mode de pavage, qui est un emploi de l'asphalte à froid, appartient à la Société de l'asphalte caoutchouté, qui en a pris le brevet et dont le siège social est à Marseille.

Ainsi que le pavage en briquettes d'asphalte comprimé, la poudre d'asphalte comprimée à chaud et le pavé de bois, l'asphalte caoutchouté comporte une fondation, généralement de béton de ciment, de $0^m,20$ d'épaisseur.

Ce béton doit être exécuté avec soin ; le pilonnage fait refluer le mortier à la surface et il suffit d'y ajouter au besoin un peu de mortier pour constituer la chape, que l'on lisse à la batte en bois. Il est, en conséquence, procédé au pilonnage de façon à régler la surface conformément à la forme définitive de la chaussée, sans avoir à y ajouter des emplois de mortier pour en corriger les flaches.

La surface du béton, balayée et sèche, après six ou huit jours de prise, on procède à l'application de l'asphalte caoutchouté.

Ce produit se présente sous la forme d'une poudre brune, imbibée, au moyen d'un malaxeur spécial, d'une dissolution de caoutchouc et de divers dissolvants.

On exécute le revêtement par zones transversales de 2 à 3 mètres de largeur, d'une bordure à l'autre, de la façon suivante :

L'adhérence de l'asphalte au béton, qui est une caractéristique remarquable du procédé, est obtenue par une application d'un enduit noir très volatil, dont on badigeonne la surface du béton au fur et à mesure de l'avancement du travail, et que l'on recouvre immédiatement d'une légère couche de poudre d'asphalte caoutchouté.

L'épandage est ensuite complété au râteau sur une épaisseur régulière d'environ $3^{cm}5$, qui se réduit à 2 centimètres environ après le pilonnage.

Il faut pratiquement 22 kilogr. environ de poudre d'asphalte préparée pour obtenir $0^m,01$ d'épaisseur par mètre carré après pilonnage ; à Aix-les-Bains, il a été employé 45 kilogrammes par mètre carré.

Dès que l'épandage est terminé sur 8 à 10^{m2}, les ouvriers, munis de pilons en fer, à base circulaire de 0^m,20 de diamètre et pesant approximativement 16 kilogrammes, commencent à pilonner doucement la matière, chaque coup chevauchant sur le précédent, afin d'obtenir une surface unie ; le premier rang des pilonneurs avance, suivi d'un deuxième rang d'ouvriers qui frappent plus fortement l'asphalte. Ces ouvriers, qui sont d'ailleurs chaussés d'espadrilles, peuvent circuler immédiatement sur les parties comprimées. Le pilonnage cesse quand l'asphalte a été amené à l'épaisseur voulue.

A chaque zone nouvelle, ou à chaque fragment de zone exécuté, la jonction du travail fait avec la partie à faire s'opère très facilement.

Les bords des parties exécutées ne sont pas pilonnés et restent à l'état pulvérulent ; il suffit de jonctionner les parties à raccorder en décapant le petit talus de la poudre ancienne et en le recouvrant par la poudre fraîche, puis de pilonner.

L'asphalte caoutchouté adhère parfaitement aux bordures de trottoirs, rails, plaques de regard en fonte, etc., sans complication et sans outillage spécial.

Le pavage terminé peut être livré à la circulation vingt-quatre heures après son exécution. La compression de la matière est achevée par les voitures. Pendant une quinzaine de jours, la trace des voitures est apparente sur le pavage, puis tout se nivelle et constitue alors un revêtement élastique sur lequel les réactions sont très douces.

Le revêtement en asphalte caoutchouté exécuté sur la place des Bains comporte une superficie de 630^{m2}. Il a été terminé en mars de l'année 1902.

L'atelier était d'ordinaire ainsi composé :

Un homme au piochage et au roulage de la poudre d'asphalte ;

Un homme au tamisage de la poudre et à l'écrasage de grumeaux (ce travail est le plus souvent exécuté par un triturateur mécanique) ;

Trois hommes au malaxage, mélangeant la poudre d'asphalte aux liquides dissolvants ;

Six hommes au pilonnage ;

Un chef d'équipe, appliquant en outre l'enduit collant sur le béton et la poudre d'asphalte.

Cet atelier exécutait à l'heure 10^{m2} de revêtement en asphalte caoutchouté.

L'essai d'Aix-les-Bains, ajoute M. Luya, conducteur des Ponts-et-Chaussées à qui nous empruntons ces détails, a montré que ce revêtement était exposé, de même que l'asphalte comprimé à chaud, à l'influence nocive de l'eau séjournant entre le béton et l'asphalte. La pluie ayant mouillé une zone en cours d'exécution, il en est résulté, trois mois après, un soulèvement de l'asphalte ou des diverses parties restées humides au moment de l'application. Ces parties soulevées ou *macarons*, sous l'action de la chaleur et de la circulation, se fendillèrent progressivement, ce qui ne tarda pas à amener la désagrégation de l'asphalte caoutchouté. Mais la réparation des « macarons » put être faite sans difficulté en cinq heures de travail.

La question des réparations, qui présente une réelle importance, est facilement résolue par l'usage de ce mode de revêtement. Connaissant la surface approximative des parties à relever, on apporte sur le chantier la quantité

nécessaire de poudre préparée, à raison de 45 kilogrammes par mètre carré. On trace un polygone enveloppant la flache ou le « macaron » et, dans les parties
saines du revêtement, on découpe, avec le tranchant
d'une pioche, l'asphalte suivant le tracé et on enlève la
plaque à remplacer. On a remarqué à Aix, au bout de
trois mois de service, que l'asphalte à remplacer avait une
flexibilité analogue à celle d'un cuir de même épaisseur.

La compression étant naturellement plus grande à la
surface extérieure que sur la face reposant sur le béton, il
faut un certain effort pour donner une forme concave au
relevage. Au contraire, on obtient facilement une forme
convexe qui produit les mêmes fendillements que ceux
observés sur les macarons.

Le béton mis à nu, convenablement séché, préparé
et nettoyé, est badigeonné de l'enduit collant, recouvert
de poudre préparée et pilonnée. On peut livrer immédiatement la chaussée à la circulation.

Les réparations ordinaires peuvent être rapidement
effectuées sans outillage ni ouvriers spéciaux, et elles
comportent le minimum d'embarras de la voie publique.

La chaussée en asphalte caoutchouté offre au roulage
une surface unie, d'un nettoyage facile. Elle est insonore,
étanche et non glissante. Sa résistance à l'usure ne peut
encore être déterminée d'une façon certaine par l'essai
dont nous avons parlé ; toutefois il résulte, d'autres expériences suivies pendant presque une année à Marseille,
que les relevages n'accusent pas d'usure appréciable après
dix-huit mois d'usage.

On peut donc conclure, de ce qui précède, que, si ce

système de revêtement des chaussées continue à justifier les espérances qu'il a fait concevoir, il est appelé à se développer considérablement, car il est à la fois moins coûteux, moins sonore et beaucoup plus hygiénique que le pavé de bois ou l'asphalte non caoutchouté.

Pavage en kéramit.

Le *kéramit* est un silicate argilo-calcaire, cuit à une haute température, extrêmement dur et très résistant, de sorte que, même après un emploi de plusieurs années, l'usure est insignifiante. La résistance à l'écrasement — constatée par le professeur Nagy à la station d'essai de matériaux de l'École polytechnique de Budapest — s'élève à 3,800-4,000 kilogrammes par centimètre carré. Ajoutons, à titre de comparaison, que la résistance du meilleur granit ne dépasse pas 2,000 kilogrammes par centimètre carré.

Le kéramit est indifférent à toutes les influences atmosphériques, aux acides et alcalis, n'importe à quelle température ; il est résistant à la poussée et au choc, de sorte que les voies publiques qui en sont revêtues demeurent planes, même au bout de plusieurs années.

Avant d'exposer rapidement la valeur du kéramit, en tant que matériel de pavage, nous croyons devoir en examiner les avantages financiers.

A Budapest, le mètre carré de pavage en granit posé revient à 22 fr. 80, tandis que le mètre carré du pavage en kéramit ne coûte que 13 fr. 40 à 14 fr. 50, suivant l'épaisseur du lit en béton ; il est à remarquer que les conditions d'entretien des deux espèces de pavage sont les mêmes. Quant à la durabilité d'une rue carrossable pavée en kéramit, il y a lieu de relever que, la dureté des pierres étant presque égale à celle du corindon, l'usure en est insignifiante, même quand la voie est très fréquentée. A titre d'exemple, on a fait observer qu'une rue de Budapest, pavée en 1879 en kéramit et parcourue journellement par près de 4,000 véhicules, n'a accusé après dix-sept ans qu'une usure de moins de 3 millimètres. Cette usure ne se produit pas sur les angles des pavés, comme c'est généralement le cas pour les pierres naturelles — ce qui a pour résultat d'user la pierre en peu de temps et de lui donner une forme arrondie rendant difficile et bruyante la marche des véhicules — mais elle se répartit sur toute la surface des pavés, de sorte que la chaussée des rues pavées en kéramit reste toujours également plane.

Cette quasi absence d'usure a pour conséquence directe que le roulage des voitures ne produit guère de poussière.

Il y a encore lieu de relever — et c'est en cela surtout que consiste la haute valeur du pavage, au point de vue de l'hygiène — que les grains de poussière produits par le kéramit n'ont pas la forme acérée de ceux qui proviennent du pavé en granit et qui, se logeant dans les organes respiratoires, peuvent les affecter, mais, ainsi qu'il ressort de l'examen microscopique, ils ont une forme plutôt sphérique et ne peuvent exercer la même influence pernicieuse. Ajoutons que les interstices entre les carreaux de kéramit sont comblés avec une préparation d'asphalte, d'où il résulte que les voies — étant donnée l'imperméabilité des carreaux en kéramit

— sont complètement protégés contre les infiltrations des eaux de surface, etc., et répondent aussi à ce point de vue à toutes les exigences de l'hygiène. Enfin, au point de vue esthétique, le pavage en kéramit ne laisse rien à désirer. Les qualités que nous venons d'énumérer font que ce pavé peut être facilement tenu en parfait état de propreté. De plus, la légère coloration du kéramit, jointe à la régularité des interstices des carreaux et de la surface, donne aux rues qui en sont pavées un aspect propre et pour ainsi dire riant qui contraste avec la couleur grise, la malpropreté et les aspérités des voies pavées en granit. De ce qui précède, il resulte que le kéramit peut être employé avec avantage pour paver les rues de tout genre, même les plus fréquentées.

Pavage en granit fondu.

Les ingénieurs américains n'ont pas encore découvert-paraît-il, le pavé de leurs rêves, car ils essaient, en ce moment, dans une des avenues les plus passantes de New-York, un nouveau système de pavage en granit fondu qui semble, tout au moins sous le rapport de la résistance, présenter un avantage évident sur le bois d'Australie, le macadam ou la pierre.

Les cyclistes, sont, paraît-il, unanimes à faire l'éloge de la nouvelle chaussée.

Pour l'établir, on commence par bocarder, comme du minerai, le granit naturel, que des broyeurs très puissants, actionnés par la vapeur, réduisent en poudre. Puis on met le granit pulvérisé dans des fours spéciaux où la température peut être portée à près de 1.700 degrés centigrades. Une fois fondu, le granit, découpé en blocs cubiques d'une très grande finesse de grain, est utilisé pour les rues comme des pavés de grès ordinaires.

Seulement, il est incomparablement plus solide, puisque sa résistance à la compression atteint 1780 kilogrammes par centimètre carré. L'humidité, la gelée, sont sans action sur le granit fondu, dont le seul inconvénient semble être précisément sa dureté excessive, — en cas de chute, — pour les passants.

Pavage en briques des routes et des chaussées.

L'usage des briques pour le pavage des routes était encore peu connu des ingénieurs, lorsqu'en 1897 un mémoire sur ce sujet fut lu à la réunion annuelle de l'Association des ingénieurs municipaux de Londres, par M. Eayrs. Beaucoup de renseignements furent alors donnés par cet auteur sur les routes de voitures pavées en briques, existant à ce moment dans les villes d'Amérique. En Angleterre, le seul essai dans ce sens qui eût été tenté jusqu'à cette époque, avait été effectué par M. Browther, inspecteur du bourg de Bootle. L'usage des briques pour le pavage avait été, dans cette circonstance, des plus satisfaisants, tout au moins pendant les deux premières années. La surface de la route était restée parfaite, et le bruit du roulage n'avait eu rien d'exagéré tant que l'enduit extérieur des briques était resté en bon état. Mais, après cet espace de deux ans, la détérioration avait marché rapidement et on avait été contraint d'enlever complètement les briques et de remplacer le pavage.

Vers cette époque (1897), une maison britannique qui fabrique une excellente brique de couleur jaune pour le pavage des écuries a essayé de produire, avec certaines argiles, une brique pour routes de voitures. Des expériences ont été faites, et il y avait beaucoup d'espoir, quand une série d'accidents obligea à abandonner le travail. En outre, des briquetiers du Centre de l'Angleterre ont produit des briques bleues, qu'ils espéraient être capables de soutenir le trafic des véhicules dans les rues. En 1899, de courtes longueurs de la partie ouest de la route des voitures de Upper Street, près d'Agricultural Hall, Islington, ont été pavées avec des briques bleues fournies par deux fabricants, et une longueur analogue a été posée avec des briques rouges. Pour les briques bleues, celles de A avaient vingt-deux centimètres de longueur, sept centimètres et demi de largeur et un centimètre et demi d'épaisseur, leur densité spécifique était de 2,20 ; celles de B avaient vingt-deux centimètres et demi et leur densité était de 2,16 ; les deux échantillons avaient des bords arrondis, étaient uniformes en grandeur, et parfaites de formes. Elles étaient posées avec grand soin sur une couche de sable reposant sur une fondation de ciment ; les joints étaient remplis avec du goudron bitumeux. Le trafic de la rue était très chargé, et, moins d'un mois après la pose, il y avait un commencement de destruction. En moins de six mois, des trous étaient faits dans le pavage ; après neuf mois, un des échantillons bleus et un des rouges furent enlevés. Les briques bleues fournies par l'autre fabricant n'étaient pas aussi

endommagées. Quoique ces briques ne pussent résister
au trafic énorme qu'elles supportaient, elles étaient favorables au pied des chevaux. Pas un seul cas de glissement n'avait été observé ; elles étaient facilement nettoyées et beaucoup moins bruyantes que les plaques de
granit placées dans les parties voisines.

Des briques bleues des mêmes fabricants ont été essayées ensuite dans une route où le trafic était beaucoup
moindre que dans Upper Street. Mais le résultat n'a pas
été plus satisfaisant : au bout de six mois il y avait
des trous ; après un an on était obligé de dépaver en partie, et en totalité après un an trois-quarts. Dans chaque
cas, les briques étaient broyées par l'action martelante
des fers à cheval, et la surface usée formait de grands
trous quelque temps avant que le pavage ne fût totalement enlevé.

Il a été constaté que l'intérieur était également défectueux, car son examen montre que les briques employées
ont été incapables de résister à un trafic modérément
lourd, que des plaques de granit peuvent supporter pendant quarante ans avant d'être usées.

L'explication de cet insuccès qui vient la première à
l'esprit, est que la densité des briques américaines atteint 2 à 2, 4, tandis que les briques anglaises ont une
densité moindre, densité cependant suffisante pour assurer
d'autres usages. De plus, la densité des briques anglaises
se rapproche de celle de l'asphalte, lequel a une densité
d'environ 2,23, et résiste à la friction d'un trafic lourd
d'une façon satisfaisante ; elle est un peu moins dense
que les grès de Guernesey et d'Aberdeen, lesquels ont
des densités de 2,8 et de 2,63 respectivement, et une

longue durée sous des trafics des plus lourds ; il ne paraît donc pas que l'insuccès soit dû au défaut de la densité ; il est à supposer que la dureté est insuffisante et que ces briques manquent de cohésion.

Quant aux difficultés à vaincre pour produire une brique convenable au pavage des routes, c'est affaire aux fabricants, mais ils peuvent être assurés que les ingénieurs qui ont la charge des routes suivent leurs efforts. Même s'il est impossible de produire des briques qui puissent être utilisées comme de l'asphalte ou du bois, il y aura toujours une forte demande pour une brique pouvant paver les routes supportant un trafic moyen, et beaucoup de voies de communication pourront être, dans l'avenir, empierrées de cette façon.

Nous arrêterons ici l'étude des pavages en matériaux artificiels étudiés et expérimentés dans le cours de ces dernières années, et nous arriverons à l'examen des revêtements du sol et des murs des habitations, revêtements connus sous l'appellation générique de carrelages.

1. Voir, pour plus de détails sur les Pavages et les Carrelages, l'ouvrage de Demanet déjà cité : *Guide pratique du Constructeur.* LA MAÇONNERIE. (Bibl. des Professions).

CHAPITRE XII

LES CARRELAGES.

La céramique du bâtiment comporte une foule de pièces destinées à des usages très différents, que l'on peut toutefois ranger dans trois catégories principales qui sont : les céramiques pour *l'extérieur* des bâtiments, celles pour *l'intérieur* des habitations et celles qui servent au revêtement du sol, des murs, des planchers et des plafonds. Nous ne nous occuperons ici que des céramiques servant au pavage des corridors, cuisines, écuries, cours, etc.

Les matières premières entrant dans la composition des carrelages et dallages sont la faïence, la porcelaine, les ciments, l'argile (terra cotta), et le grès. On donne le nom de *dallage* aux surfaces non exposées au roulement des voitures et aux chocs. Ils se font en marbres de couleurs variées constituant une véritable marqueterie par l'incrustation ou la juxtaposition de pierres polychromes taillées.

Les pavements avec de petits cubes de marbre ou de terre cuite se nomment *mosaïques*. On fait aussi des dallages en labyrinthe; les dalles sont posées sur béton, sur une couche de plâtre ou encore sur un mortier de chaux et de sable. Dans les intérieurs, on peut les placer sur bitume comme certains genres de parquets dits *à la gourguechon*. Les *formes* employées pour faire les dalles doivent être fortement pilonnées et leurs joints *démaigris;* on doit leur donner de 0^m,05 à 0^m,12 d'épaisseur.

Carreaux de terre cuite.

Les carrelages s'emploient de préférence pour les pièces qui doivent être tenues fraîches, et les dépendances des bâtiments. Les carreaux de terre cuite sont

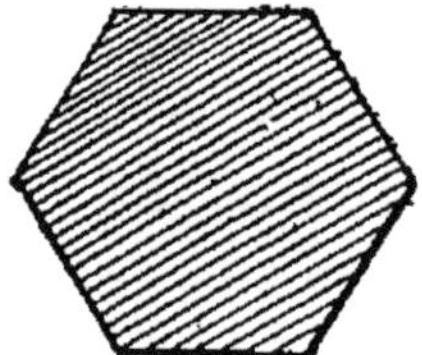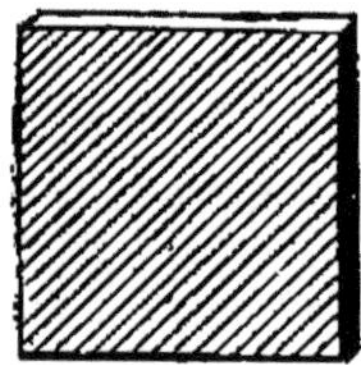

Fig. 82 et 83. — Carreaux.

triangulaires, carrés, haxagonaux, octogonaux, etc., mesurent de 0^m,018 à 0^m,028 d'épaisseur; cette dernière dimension est convenable pour le pavage des chambres; il en faut de 40 à 80 par mètre carré, et le poids du mille varie de 350 à 900 kilogrammes (fig. 82 et 83).

Les carreaux de forme carrée de 0^m,02 d'épaisseur et 0^m,20 de côté sont connus sous le nom de *carreaux à bande* et s'emploient particulièrement pour âtres de cheminées, fourneaux et cuisines. Les carreaux rectangulaires ne servent guère que pour former les bordures.

La terre constituant les carreaux doit être aussi fine

que possible, bien homogène, et surtout exempte de fragments calcaires cuits. Les marques les plus usitées à Paris sont celles de Beauvais et d'Auneuil. Toutefois les carreaux de Bourgogne paraissent plus résistants à l'humidité, et les marques de Massy et de Vaugirard viennent en seconde ligne.

Ordinairement, pour carreler une pièce, on régularise la forme en répandant sur l'aire, en plâtre ou autre ma-

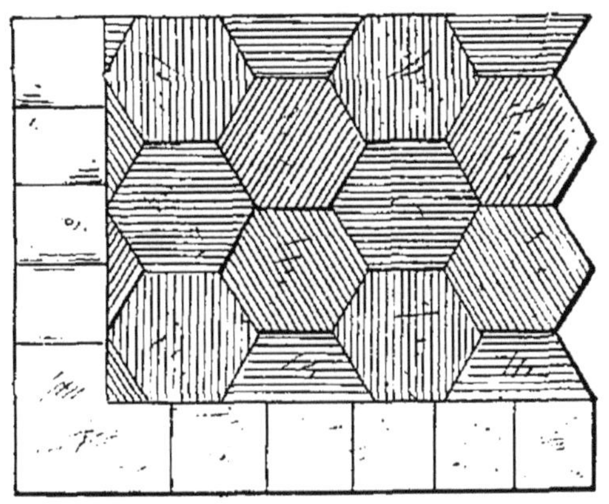

Fig. 84. — Pose des carreaux.

tière, de la poussière provenant de démolitions d'ouvrages en plâtre ou de recoupes de pierres. Lorsque le carrelage est achevé, on fait les raccords le long des murs avec des *pièces* (carreaux coupés parallèlement à l'une de leurs arêtes) et des *pointes* (coupés perpendiculairement à l'une de leurs arêtes). Le plâtre employé est mélangé de suie pour en retarder la prise.

Lorsqu'on pose les carrelages à bain de plâtre, comme les lieux où ils s'emploient sont destinés à recevoir de l'eau ou tout au moins à être lavés, il arrive que les eaux absorbées par le plâtre s'amassent dans le plafond, finissent par traverser et forment des taches ou pourrissent le solivage lorsqu'il est en bois. On peut toutefois éviter cet inconvénient en étalant un lit de sable sur le hourd et en scellant le carrelage au moyen d'un bain de ciment, comme on le ferait avec le plâtre.

Les foyers de cheminée se font en carreaux carrés, raccordés avec le carrelage de la pièce par un joint droit dans l'alignement du devant des jambages. Les carreaux

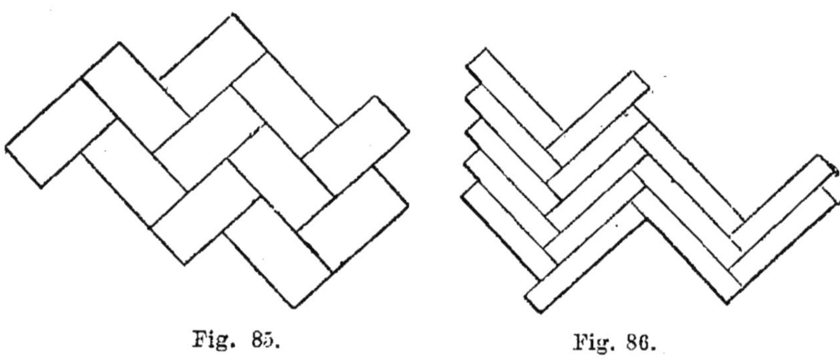

Fig. 85.   Fig. 86.

carrés sont encore employés pour fourneaux de cuisine. A Trèbes, près Carcassonne, et à Saint-Henri, près de Marseille, on fabrique des carreaux dont la surface est polie ou vernie. Il y a avantage à employer des carreaux de peu de surface, afin d'éviter que, s'ils étaient trop grands, ils ne soient *gauches*.

Avec les carreaux carrés, on peut alterner les joints transversaux, ou faire suivre les joints dans les deux sens, ou poser en quinconce ou en échiquier, c'est-à-dire les joints diagonalement aux faces de la pièce (fig. 85 et 86).

Carreaux en ciment comprimé.

Les carreaux en ciment, appelés souvent et improprement *mosaïques,* sont des produits artificiels obtenus par compression qui fournissent des carrelages très décoratifs et à bon marché.

Fig. 87 et 88. — Carreaux de ciment.

On les obtient en plaçant dans un moule en acier et articulé, reposant sur un marbre métallique bien plan, un grillage en cuivre poli dont les compartiments figurent les teintes différentes du dessin ; on coule à l'aide d'une cuiller dosée la pâte de ciment colorée de diverses teintes, dans chaque compartiment, sur une épaisseur de 5 à 6 millimètres, puis on retire le grillage ou réseau ; on remplit alors le moule de ciment et de sable fin, puis l'on presse au balancier, au bras de levier ou à la vis, de façon à donner une pression de 100 à 150 kilogrammes

par centimètre carré, enfin on démoule. Toute la partie
humide de la pâte ayant pénétré dans la masse on

Fig. 89. — Carreaux de ciment.

trempe alors le carreau dans l'eau pendant une heure ou
deux, puisse on laisse sécher.

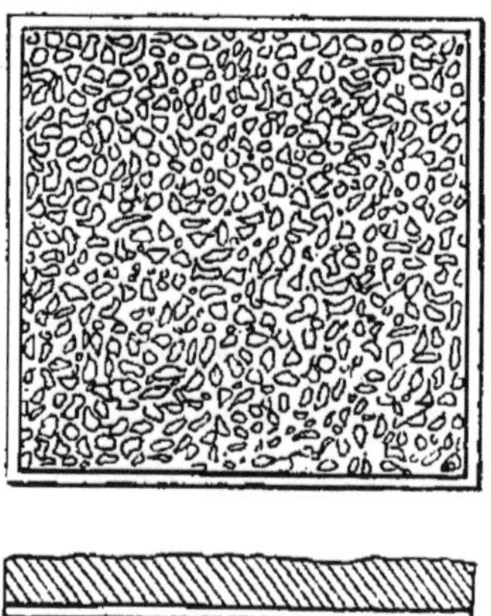

Fig. 90. — Autre carreau.

On peut obtenir aussi des marbres ou mosaïques artificiels en remplaçant la pâte colorante par des fragments

de marbre ou de pierre semés au hasard ou distribués
suivant un grillage pour obtenir un dessin ; on coule
une pâte pour joindre les fragments, on ajoute du ciment,

Fig. 91.

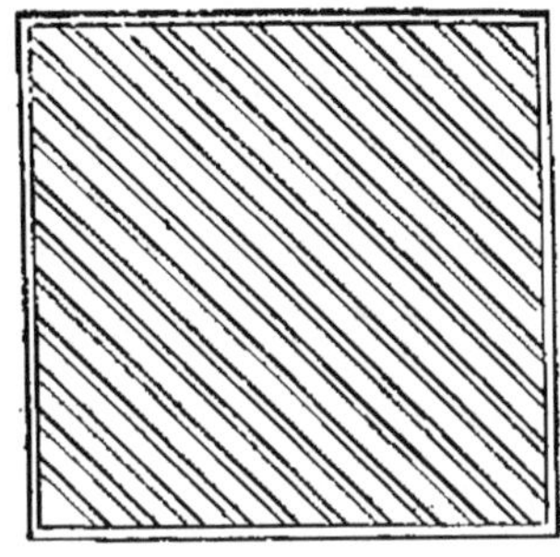

Fig. 92. — Pavés en ciment
striés, et coupe.

on presse et on immerge comme précédemment (fig. 89,
90, 91 et 92).

Ajoutons que le prix du mètre superficiel de carrelage
mosaïque en ciment Portland comprimé, avec dessins
variés, n'est pas inférieur à 12 ou 15 francs pose comprise.

Mosaïques.

Les mosaïques sont des décorations qui peuvent servir
comme pavage ou comme revêtement des murs. On peut
les assimiler à de véritables tapisseries, dans lesquelles
la laine et la soie seraient remplacées par de petits cubes
ou prismes, réguliers ou irréguliers, obtenus en cassant
ou en taillant des matières dures, telles que les pierres,
les marbres, la terre cuite, le verre, l'émail. Ces cubes, de

couleur variée, sont juxtaposés de façon à constituer des dessins, des fleurs, des ornements, des figures d'hommes ou d'animaux, enfin des décorations et des tableaux représentant toute sorte de sujets.

Ces petits cubes colorés sont assemblés et réunis au moyen d'un mastic ou ciment composé de chaux, de sable très fin, de pouzzolane et de brique pilée. Quand le dessin est achevé et que le mastic est sec, on polit le tout à l'aide d'un polissoir bien plan et de poudre de grès délayée dans l'eau. On rebouche les parties où le mastic peut manquer. Après lavage, on lustre au linge de laine après avoir enduit la surface entière de la mosaïque d'un encaustique de cire blanche dissoute dans l'essence de térébenthine.

L'ouvrier mosaïste range tous ses cubes de pierres dans des cases par couleurs de toutes nuances; il les prend et les place à l'endroit indiqué par le tracé reporté sur le fond, en leur faisant un bain de mastic ou de ciment pour les agglomérer.

On donne le nom de *mosaïque semée* à une réunion de petites pierres dures de diverses couleurs, concassées et jetées ou étalées sur un bain de mortier. On dame légèrement pour niveler la surface, puis on coule du mortier pour boucher les vides. Quand tout est sec, on achève de dresser la surface avec un polissoir lourd et de la poudre de grès.

Carreaux et pavés de grès cérame.

Les carrelages céramiques ressemblent à ceux en ciment comprimé, mais ils sont bien plus durs et s'usent par suite bien moins vite; ils n'ont que l'inconvénient de coûter plus cher : le double environ. Ce genre de carreaux, formés de pierres pulvérisées et de terre, cuits à une haute température voisine de celle de la vitrification, tend à se répandre de plus en plus en raison de ses qualités.

Les carreaux de grès cérame se posent sur une couche de ciment de $0^m,01$ à $0^m,015$ d'épaisseur, placée elle-même

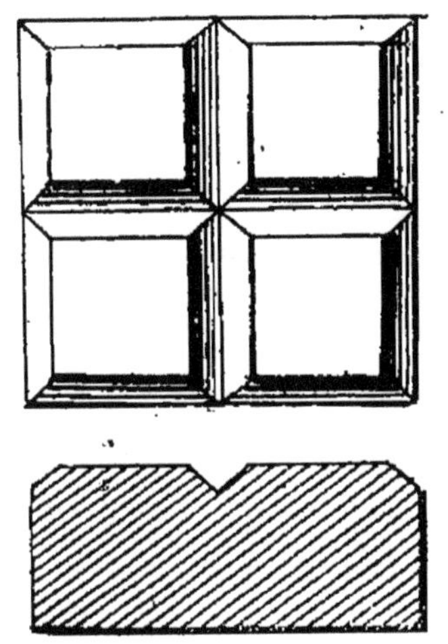

Fig. 93. — Pavé de grès et coupe.

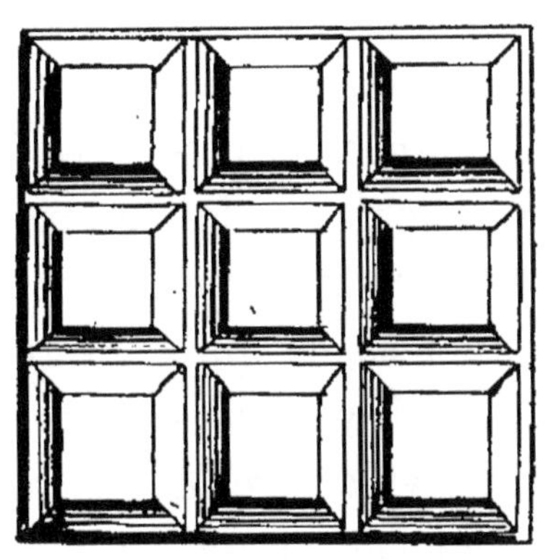

Fig. 94. — Autre pavé.

sur forme de béton de $0^m,08$ à $0^m,15$ ou de mâchefers. Les joints sont remplis de ciment pur ou de poudre de ciment.

Les carreaux céramiques les plus renommés sont ceux fabriqués par la *Société des Carrelages Céramiques de Paray-le-Monial* (Saône-et-Loire). Le prix des carreaux de $0^m,16$ de côté est de 6 francs. Les types de $0^m,03$ d'épaisseur pèsent 64 kilogr. le mètre carré; ceux de $0^m,02$ ne pèsent que 44 kilogr. Il est possible de réaliser, avec ces carreaux, des dessins variés par les diverses combinaisons auxquelles ils se prêtent. Ils se fabriquent aussi avec dessins incrustés.

Pour mettre en œuvre les carreaux céramiques il suffit, dans l'intérieur des habitations et bâtiments, d'une aire de sable et d'un sol bien pilonné. A l'extérieur, il est nécessaire de faire une aire solide en bon béton ou en briques bien cuites, et de recouvrir le tout d'une couche de ciment hydraulique, à raison de 7 kilogr. de ciment par mètre carré.

Le sol une fois nivelé, on procède à la pose, en établissant une ligne de départ, au milieu si possible, sur laquelle on trace un trait d'équerre. Se basant sur ces deux lignes, on pose à sec les carreaux les uns contre les autres, puis on les trempe dans l'eau et on les fixe au ciment. Si le carrelage ne remplit pas la mesure exacte de la pièce, ce qui arrive presque toujours, on s'arrange pour qu'il y ait un espace égal de chaque côté et on remplit les vides avec des carreaux coupés.

Pour couper un carreau en deux parties sensiblement égales, on trace sur sa face et sur son revers une ligne suivant laquelle il doit être divisé, on le place en équilibre sur le genou, et on y applique un ciseau de sculpteur sur lequel on donne de légers coups de marteau bien droits, en parcourant la ligne tracée en 4 ou 5 reprises. On retourne alors le carreau et, après quelques coups un peu forts, toujours sur la même ligne, le carreau se sépare.

Jusqu'ici toutefois les carreaux en grès cérame ont été fabriqués, soit dans le genre uni de manière à former un dessin d'ensemble par la seule combinaison des carreaux de diverses couleurs, — soit en carreaux à dessins incrustés. Dans ce dernier cas, on se sert d'un moule diviseur appelé réseau, formant le dessin que l'on veut obtenir et dans les compartiments duquel on fait tomber les diverses matières colorées, qui permettent de reproduire le dessin avec les nuances choisies. Mais quel que soit le dessin, entier ou partiel, on ne peut obtenir que des teintes plates plus ou moins fondues, suivant le nombre de compartiments du moule-réseau, permettant de juxtaposer les diverses nuances d'une même couleur en nombre plus ou moins resserré.

M. F. Lauzun a inventé récemment un procédé par l'emploi duquel on peut produire avec les grès cérames des carreaux imitant les cailloutis, soit sur la surface entière, soit sur tout ou partie seulement du dessin, selon l'effet que l'on veut produire.

Pour obtenir le cailloutis, il faut au préalable préparer la matière première de manière à former des grumeaux plus ou moins gros. Pour cela, on mouille fortement la matière avec de l'eau additionnée d'une substance agglutinante et on la divise ensuite au moyen d'un tamis dont les mailles donnent la dimension des grumeaux que l'on veut réaliser. Une fois les grumeaux obtenus, on les roule dans la matière sèche que l'on choisit d'une couleur différente de celle du fond afin de bien trancher les nuances entre elles et faire ressortir les cailloutis, lorsque les grains sont juxtaposés par la pression. Après pression énergique de la matière dans le moule, on en râcle la surface, soit avec une lame de verre, soit avec un râcloir bien effilé, de manière à mettre à nu les grumeaux colorés. On chasse ensuite l'incrustation au moyen du tampon qui a servi à presser la matière et on la fait tomber sur une table ou plaque qui doit recevoir le cadre en acier formant le carreau.

Carreaux de faïence.

Les faïences ou carreaux de terre cuite peuvent avoir leur surface émaillée. On les emploie pour les cheminées, les poêles, les revêtements de cuisine, les salles de bains, etc.

Les dimensions les plus courantes des carreaux carrés

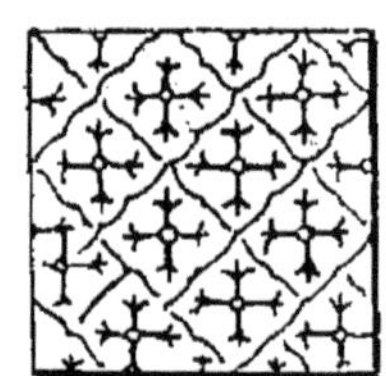

Fig. 95, 96 et 97. — Carreaux de faïence ornementés.

sont $0^m,10$, $0^m,15$ et $0^m,20$ de côté, mais il y a une multitude de dimensions en usage.

Les carreaux en terre cuite émaillée ou faïences s'appliquent surtout aux revêtements des murs ; ils sont ainsi un élément précieux de décoration murale pouvant s'appliquer, avec des dessins appropriés, depuis les plus riches monuments jusqu'aux plus humbles cuisines.

Les terres cuites sont des terres argileuses modelées ou moulées et soumises à une haute température.

Les émaux sont composés de substances métalliques, et les colorations s'obtiennent par l'addition de divers oxydes métalliques. L'émail est une substance vitreuse, une sorte de poudre très fine, cristalline et métallique qui, délayée dans l'eau, forme une pâte qui s'étale comme la peinture sur les objets qu'on veut émailler ; la fusion est obtenue en exposant, à une haute température, les objets ainsi préparés.

L'émail destiné à recouvrir les carreaux de cuisine s'obtient en ajoutant à du verre pilé un mélange d'environ 8 parties d'oxyde de plomb pour 12 d'oxyde d'étain.

Le bleu saphir s'obtient, pour les émaux, avec l'oxyde de cobalt calciné et pulvérisé ; le *bleu céleste* est produit

Fig. 98 et 99. — Carreaux de faïence décorés et vernis.

par le deutoxyde de cuivre ; le *vert* est obtenu par l'oxyde de chrome ; le *jaune serin* se fait à l'aide de l'oxyde d'uranium ; le *jaune* est donné par le chlorure d'argent ; le *rouge pourpre* est donné par le protoxyde de cuivre ; le *violet* est obtenu par l'oxyde de manganèse, etc.

Quand les carreaux de faïence sont bien exécutés, ils présentent, du côté opposé à l'émail, un grand nombre d'aspérités qui ont pour but de permettre au mortier ou au plâtre de bien gripper et d'assurer un bon scellement.

Les dessins de ces carreaux peuvent varier à l'infini, et les maisons Lœbnitz de Paris et H. Boulenger de

Choisy-le-Roi ont créé de très nombreux et très artistiques modèles de carreaux de ce genre.

Les carreaux émaillés avec piqûres en relief s'emploient pour les ornementations à l'extérieur et à l'intérieur des bâtiments, frises, entourages de cheminées, etc. On fait aussi des carreaux translucides.

On fait souvent des encadrements et bordures en carreaux peints et émaillés, ainsi que des revêtements partiels propres à décorer des panneaux, des dessus de fenêtres, etc. Les plus grandes dimensions données aux carreaux sont $0^m,60$ de long sur $0^m,40$ de large.

Dallage en marbrerie.

On fabrique encore des carreaux en marbre et pierre dure (liais) de forme carrée ou octogonale, combinés avec des carreaux plus petits en marbre noir ou bleu turquin. Ces carreaux se font suivant les huit grandeurs suivantes : $0^m,298$, $0^m,271$, $0^m,245$, 0^m217, $0^m,189$, 0^m162 et $0^m,135$. Ceux en marbre blanc veiné mesurent $0^m,325$ dans tous les sens.

Les petits carreaux noirs de Dinant, pour être combinés avec ceux à huit pans, mesurent $0^m,124$, $0^m,113$, $0^m,101$ et $0^m,086$. Pour les antichambres, salles de bains, salles à manger, il est d'usage d'établir au pourtour des bordures en marbre blanc ou liais.

Carrelages en briques.

Nous avons vu dans le chapitre précédent que les briques ont été utilisées en Angleterre comme pavage des

routes et des chaussées. On peut également se servir de
ces matériaux comme revêtement des cours, ateliers,
caves, etc. Pour cette application, les briques doivent être
à arêtes bien vives et non gauchies, afin que les joints
aient peu d'épaisseur. On peut les disposer à plat en con-

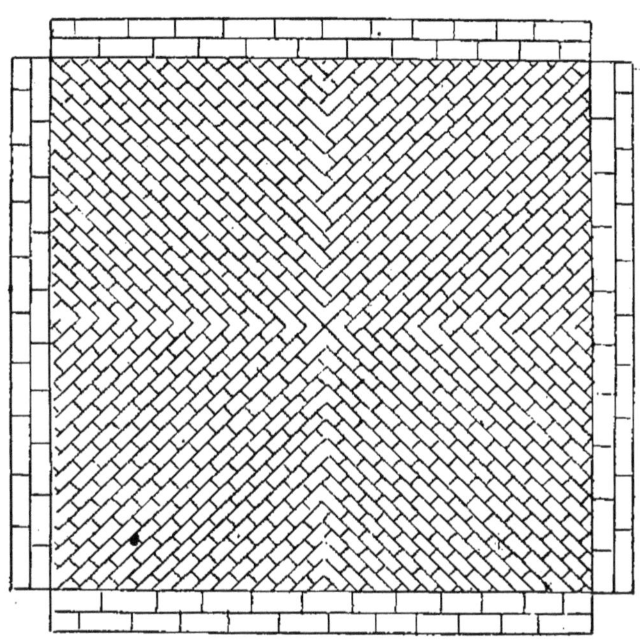

Fig. 100. — Méthode de pose d'un pavage en briques.

trariant les joints transversaux, ou en diagonale ou en
échiquier. On les pose aussi sur champ pour avoir plus de
solidité.

Pour mettre ce carrelage en place, on commence par
faire un lit de béton bien pilonné, de 8 à 10 centimètres
d'épaisseur, puis on fait une véritable cloison horizontale
en brique dure hourdée en mortier de ciment et jointoyée
au ciment pur. On se contente le plus souvent de la

brique à plat qui donne 6 centimètres de hauteur, ou de la demi-brique qui donne 11 centimètres, et on les appareille de diverses manières.

Aux États-Unis, où le pavage en briques est très en faveur, on prend de préférence des briques vitrifiées. La vitrification de la terre commence entre 800 et 980 degrés ; une surchauffe de 250° la rend complète et permet d'obtenir une brique très dure (à la condition d'un refroidissement lent et progressif), à cassure nette, compacte et n'absorbant que 3 à 6 % d'eau. La résistance à l'écrasement varie de 300 à 2000 kilogrammes par centimètre carré, d'après L. A. Barré, et celle à la rupture de 140 à 220 kilogr. Les lits de briques doivent être disposés sur une bonne fondation ou plateforme et posées de champ, avec leur longueur perpendiculaire à la direction de la voie. Le sol, bien dressé et tassé sous un rouleau de 6 tonnes, est couvert d'une couche de sable de $0^m,05$, puis d'une couche de béton de $0^m,10$ à $0^m,21$, recouverte d'une couche de sable de $0^m,025$, sur laquelle on pose les briques en remplissant les interstices avec du goudron ou mieux avec du ciment ou du sable. Avant ce remplissage, les briques sont damées avec un pilon de 30 kilogrammes ou par un rouleau de 5 tonnes et on les maintient pendant un mois recouvertes d'une couche de sable de 12 millimètres.

Le carrelage en briques est très propre, facile à laver et relativement silencieux. Les chevaux y gravissent facilement des rampes de 10 %. Quant à sa durée, elle est estimée supérieure à celle d'un bon pavage en grès.

Pavage en liège.

On a essayé à Vienne et à Londres, en 1896, des pavés formés de liège granulé, mêlé à de l'asphalte ou à quelque autre matière agglutinante. Ce pavage, propre, durable, élastique, ne serait jamais glissant et resterait inodore. L'usure ne serait que de 3 millimètres en 2 ans.

La *Société des lièges Agglomérés* fabrique des pavés en liège aggloméré très usités pour sols d'écuries, passages et remises de voitures, écoles, etc. ; ce pavage n'est pas glissant, n'absorbe pas l'humidité, ne dégage aucune odeur, est très facile à nettoyer, est insonore, très élastique, de longue durée, etc. Le mètre, tout posé, revient à environ 25 francs. Nous reviendrons plus en détail sur ce produit dans le chapitre suivant.

CHAPITRE XIII

LES REVÊTEMENTS

Terres cuites et céramiques de bâtiment.

La terre cuite se répand beaucoup, depuis quelques années, dans beaucoup de pays, pour la décoration économique des constructions. Dans les bâtiments à ossature métallique, elle est employée pour le remplissage des vides laissés entre les éléments résistants. Les produits céramiques présentent d'ailleurs l'avantage d'être particulièrement aptes à recevoir des émaux.

L'épaisseur moyenne des terres cuites doit être environ le dixième de la plus grande dimension des panneaux. On les pose ordinairement sur un bain de ciment ou sur un bain de plâtre et il est bon de les mouiller avant de les mettre en contact avec le bain qui doit les maintenir.

Poteries.

On désigne ainsi les *boisseaux* en terre cuite pour tuyaux de cheminées, les pots pour *ventouses* à courant d'air, les *mitres* en terre dites *à la Fougerole,* etc. Ces divers objets sont en grès ou en terre cuite.

On substitue aux planchers en bois des voûtes en briques ou en poteries creuses, hourdées en plâtre ou en mortier et consolidées par des fermes en fer, ce qui joint la solidité à la légèreté, et met les édifices presque entièrement à l'abri des incendies.

On fait des poteries de formes et de dimensions diverses pour voûtes, voussoirs et cloisons ; les unes ont la forme d'un pot à fleurs fermé aux deux extrémités, et ont $0^{m},10$ de diamètre moyen sur $0^{m},15$ de haut ; les autres sont des coins ou des cylindres de $0^{m},05$ de haut sur $0^{m},17$ de diamètre, etc. Ces poteries se fabriquent au tour du potier, avec de la terre à tuiles, briques et poteries grossières. Dans le midi de la France on fabrique, pour les voûtes légères, des prismes creux en terre cuite, qui ont $0^{m},14$ de haut, des bases hexagonales inscrites dans des cercles de $0^{m},17$ de diamètre, et dont le vide est cylindrique.

On fait aussi des poteries avec du plâtre et des plâtras pour hourdis de planchers, conduits de fumée, etc. Dans cette application, assez peu recommandable du reste, on mélange au plâtre des scories et on consolide avec une armature en fer.

Carreaux de plâtre.

Avec le mortier de plâtre et des plâtras de peu d'épaisseur, on fabrique, dans des moules en bois ou en fer articulé, des carreaux parallélipipédiques qui servent à construire des cloisons d'appartement ; ils ont ordinairement $0^{m},48$ de long, $0^{m},32$ de large, et de $0^{m},04$ à $0^{m},20$ d'épaisseur ; l'épaisseur la plus habituelle est de $0^{m},08$ (enduit compris) ; c'est celle qui est la plus conforme à l'équarrissage ordinaire des huisseries et des poteaux de remplissage des cloisons.

Les carreaux de plâtre valent 18 francs le cent. On les traverse de trous pour les rendre plus légers. Ils sont posés de champ ; suivant leur épaisseur, leurs bords sont toujours creusés dans leur milieu, de façon à recevoir le plâtre qui sert à leur pose. Leur face est quelquefois striée, pour faciliter l'adhérence des enduits.

On fait des carreaux creux en plâtre, ayant à peu près les mêmes dimensions ; ils sont très légers, et assourdissent les appartements.

Les carreaux bien faits sont sur deux côtés à noix et sur les deux autres à gueule de loup, de manière à bien s'emboîter les uns dans les autres.

Les *planches-plâtre* de Houdard et Cie n'ont pas les inconvénients des carreaux de plâtre ; elles se clouent comme le bois et ne se recouvrent que d'un enduit de 3 millimètres d'épaisseur ; ces revêtements ou cloisons sèchent rapidement. Les planches-plâtre sont livrées sous forme de planches de 15, 30 et 60 millimètres d'épaisseur et de 2^m,50 de longueur ; elles s'emploient surtout pour cloisons et revêtement de murs ou plafonds ; elles sont légères, isolantes, incombustibles et imputrescibles.

Plâtras.

Les plâtras sont des débris fournis par la démolition des cloisons en plâtre, des hourdis de planchers, etc., broyés et pulvérisés dans un broyeur spécial du genre de celui représenté par notre fig. 23. La démolition des vieux coffres de cheminée donne des *plâtras noirs* qu'il ne faut pas employer pour certains travaux, car la suie dont ils sont imprégnés se répand à travers les enduits et les tache.

On utilise les plâtras pour les légers ouvrages, tels que hourdis de planchers, remplissage de pans de bois, murs

Fig. 101. — Broyeur Krupp pour le plâtre.

de clôture. Ils donnent une maçonnerie bien plus légère que celle des moellons, mais sans solidité.

Les plâtras non tachés ni salpêtrés se vendent 6 fr. 60 le mètre cube ; pour massifs, les plâtras hourdés en plâtre reviennent à 17 francs le mètre cube.

Staff.

Le staff est un produit composé de craie fine, de plâtre à modeler très fin et d'étoupe, le tout consolidé par une armature en bois noyée dans la pâte.

Quand le moule est préparé, on le graisse soigneusement pour éviter l'adhérence du mélange, puis on coule une légère couche de plâtre et on étale ensuite un lit d'étoupes que l'on comprime à la main, tout en recouvrant à mesure d'une nouvelle couche de plâtre et en disposant, partout où la rigidité a besoin d'être assurée, des baguettes de bois formant ossature, baguettes qui sont croisillonnées et ligaturées en leurs points de rencontre au moyen d'attaches en fil de fer. C'est ainsi que l'on procède pour reproduire de grandes moulures, des solivages de plafonds, des corniches et des rosaces de tous profils.

On pose le staff en le mouillant un peu ; on l'applique ensuite et on le cloue avec des clous de fer galvanisé. On peut enfoncer un clou dans le plafond ou dans le mur et l'attacher à un fil de fer entouré d'une ligature de chanvre, mouillée dans du plâtre, puis cloué. Les profils étant exécutés en petites longueurs, les raccords se font en plâtre, et on termine au guillaume quand tout est bien sec.

Carton-pierre.

Le carton-pierre est un mélange de craie, de pâte à papier, d'argile, de colle forte auquel on ajoute quelquefois de l'huile de lin rendue siccative.

Les ornements en carton-pierre sont fixés aux murs avec des clous galvanisés. Les raccords se font avec une pâte de la même composition qui vient d'être indiquée pour l'intérieur. Pour l'extérieur, on se sert d'un mastic d'huile de lin, de blanc de céruse et de craie.

Les pâtes destinées à la fabrication des rosaces et autres ornements se moulent au pouce. Le mouleur refoule avec force la matière dans les creux et fait courir en tous sens un petit fil de fer reliant toutes les parties faibles.

Pour la pose du carton-pierre, on commence par tracer les axes, on bat ces lignes et on met en place les ornements qu'on divise par petites parties ; on les fixe par des clous en zinc et on fait les raccords en pâte de même composition.

Stucs.

Le stuc est une composition ou un enduit qui, au moyen de la peinture et du polissage, imite le marbre. On s'en sert pour revêtir des colonnes, pilastres, panneaux, plinthes, murs, former des moulures, bas-reliefs, pour protéger des parois extérieures exposées à l'air ou à l'humidité.

Le *stuc à la chaux* s'obtient en mélangeant de la chaux avec une égale quantité de calcaire, de marbre ou de craie en poudre tamisée ; on le pose, en couche mince, sur une première couche en plâtre mélangé à un mortier de chaux et de sable fin. C'est le meilleur, mais sa couleur est désagréable.

Le *stuc au plâtre* est du plâtre pur gâché avec une eau dans laquelle on a fait fondre de la colle forte de Flandre ; ce plâtre fait prise moins vite que le plâtre ordinaire, mais il devient plus dur. Le stuc au plâtre ne peut s'employer qu'à l'intérieur, car il a peu de durée à l'extérieur ; celui à la chaux peut s'appliquer à l'extérieur, en ayant soin de faire l'ébauche ou les premières couches en mortier de chaux hydraulique. On donne au stuc au plâtre l'aspect du marbre veiné, en y incrustant des veines faites de plâtre gâché coloré.

Pour obtenir un stuc blanc, on emploie de la colle de poisson ; pour stucs jaunes ou verts, on ajoute de l'hydrate de peroxyde de fer ou de l'oxyde de chrome ; les oxydes de manganèse, de cuivre, les hydrocarbonates de cuivre, donnent des stucs bruns, bleus, etc. ; ces divers stucs ne peuvent résister à l'humidité.

Le stuc s'applique quelquefois liquide à l'aide d'une brosse ; dans ce cas, on en superpose une vingtaine de couches. On polit le stuc avec du grès pilé et une molette en pierre, puis on rebouche les cavités avec un stuc liquide et l'on passe à la pierre ponce. On achève le poli avec la pierre de touche et des chiffons enduits de cire.

Durcissement du plâtre.

Quand on veut mouler des objets d'art, on emploie un plâtre cuit avec 2 % d'alun ; il jouit d'une certaine translucidité. On donne au plâtre une première cuisson, qui le prive de son eau de cristallisation, puis on le jette dans un bain d'eau saturée d'alun ; au bout de 6 heures, on le retire, on le fait sécher à l'air, puis on le rechauffe au rouge brun. Après l'avoir pulvérisé dans un mortier ou sous des meules, il peut être employé comme le plâtre ordinaire. Il peut remplacer le stuc, mais coûte 4 fois plus que le stuc ordinaire. Mêlé avec du sable, le sable aluné prend une grande dureté et s'emploie pour dallage.

Le ciment anglais ou plâtre aluné *de la Société des plâtrières réunies du bassin de Paris* est une combinaison de sulfate de chaux avec l'alun ; il acquiert en séchant une dureté au moins égale à la meilleure pierre calcaire. A l'encontre de tous les autres produits dérivés du plâtre.

il ne nécessite que l'emploi de l'eau pure, mais très propre. La proportion d'eau à employer pour le gâchage est de 25 à 30 % de son poids. Plus on gâche serré et longtemps, plus on obtient de dureté.

La quantité d'eau employée doit amener le plâtre aluné à la consistance d'un mastic de vitrier ; on le gâche généralement sur un marbre, une table, ou dans des auges bien nettoyées. Sa prise lente (de 3 à 6 heures) donne le temps de le mélanger aux colorants : pierres pilées, ocres, etc., à toutes les couleurs minérales, à l'exclusion des couleurs d'aniline qu'il faut rejeter, ainsi que les couleurs végétales et animales. On peut obtenir, par ces mélanges, des imitations de tous les tons de pierres naturelles, marbres, etc.

La solidification du plâtre aluné exige de 3 à 6 heures, suivant que la préparation du ciment a été faite depuis plus ou moins de temps. Après un mois il peut recevoir déjà un beau poli, mais le durcissement complet demande trois mois.

Ce ciment tenu à l'abri de l'humidité peut se conserver indéfiniment. Il peut, comme solidité à l'air libre, être mis en parallèle avec les meilleurs ciments, et, mélangé de deux ou trois parties de sable, fournir un excellent mortier. Pour donner une idée de la dureté du plâtre aluné, voici une comparaison avec d'autres produits :

	Résistance à l'écrasement		
Pierre de liais	180 kilogs par cent. carré		
— vergelée	60	— id —	
Carreau de terre cuite	150	— id —	
	Après	Après	Après
Ciment anglais (plâtre aluné	24 h.	un mois	un an
gâché très serré)	151 k.	225	315

Le plâtre aluné s'applique aussi bien sur la chaux, les ciments, le plâtre, que sur la pierre naturelle ou la brique.

Il est bon de ne l'appliquer que lorsque les matières sont bien sèches et que leur prise est complète. Il faut éviter également d'enduire de ciment anglais une matière dont le retrait ou la dilatation ne sont pas terminés et qui pourraient occasionner un manque d'adhérence. Il faut alors, au moment de l'emploi, jeter de l'eau sur les surfaces à enduire pour qu'elles soient bien humectées.

Ce produit se prête à une imitation parfaite des marbres blancs et colorés et est susceptible de recevoir un aussi beau poli que celui qui est donné au marbre par les mêmes procédés. On en fait des enduits sur murs, cages d'escaliers, dessous de portes cochères, salles à manger, etc. L'épaisseur sous laquelle on l'emploie est variable, mais un millimètre est souvent suffisant. On l'utilise comme matière première de tablettes de meubles, de cheminées, de mosaïques, de vases, de colonnes, de dalles et de carreaux, de moulures au calibre d'objets d'art. Sa dureté permet de le sculpter comme de la pierre. Il peut remplacer les plâtres et les ciments dans la maçonnerie, soit employé seul, soit mélangé avec du sable. On l'applique encore au jointoyement, au rebouchage et à la réparation des pierres. Enfin il reçoit très bien la peinture et très économiquement à cause de son manque presque absolu de porosité.

Ajoutons que l'on donne encore le nom de *plâtre durci* à une espèce de stuc formé d'un mélange de plâtre et de chaux et qui peut servir d'enduit extérieur. On connaît encore le *procédé Julhe* qui consiste à brasser ensemble et mêler intimement six parties de plâtre avec une partie de salmiac ou ammoniaque muriatée.

Au lieu de ce mélange, on a encore proposé, pour imperméabiliser les pierres naturelles ou artificielles, divers enduits à base de céruse et de litharge posés à sec, de phosphate de soude ou de paraffine fondue, mais ces produits sont assez coûteux et n'ont reçu en somme qu'assez peu d'applications.

Xylolithe et porphyrolithe.

Les inventeurs ont donné ces noms à deux produits nouveaux à base de cellulose de bois et de sels magnésiens destinés principalement aux dallages extérieurs. Des essais réalisés dans diverses casernes, et bien que ces essais soient encore trop récents pour qu'on en puisse tirer une conclusion définitive, il semble cependant que ces produits satisfont aux principaux désiderata des hygiénistes.

Ils évitent, en effet, les inconvénients que présentent les joints des planchers, au double point de vue des poussières malsaines et des insectes; de plus, bien que donnant au toucher une impression de froid plus grande que celle du bois, leur contact est beaucoup moins froid que celui du ciment ou des carreaux de terre cuite ou de grès. Leur perméabilité n'est guère plus grande que celle du chêne.

Le xylolithe doit être appliqué par des ouvriers spécialistes sur une aire résistante; on ne peut pas le poser sur des bétons de chaux dont la prise se prolonge pendant deux mois et dégage des gaz qui occasionneraient de larges soufflures dans le dallage ; on doit éviter aussi de le poser sur du plâtre, à moins de recouvrir celui-ci d'une chape en ciment d'au moins 0^m 01 d'épaisseur. Le xylolithe est étendu à la truelle, puis battu avec de grandes bandes de fer plat pour faire sortir l'eau ; on doit laisser sécher au moins quinze jours après cette opération. Ce produit, inventé par un Autrichien, M. Zboril, est utilisé depuis une dizaine d'années en Autriche et en Suisse.

Le porphyrolithe, qui est exploité en France, contient de l'amiante. Il s'applique en deux couches de composition différente ; la couche inférieure est plus grossière que l'autre. Si l'application se fait en hiver, il convient de maintenir le mélange aux environs de 20".

Ces deux dallages se colorent par des ocres, s'encaustiquent comme les parquets de bois et peuvent se laver comme eux.

Leur prix varie, selon les régions et l'importance du travail, entre 7 et 9 francs le mètre carré, non compris l'aire sur laquelle ils reposent.

Marmorisation.

Les différentes compositions dont il vient d'être question ont pour but de donner au plâtre la consistance et la dureté qui lui sont nécessaires pour bien des applications. Nous dirons encore un mot ici d'un enduit qui ne *couvre* pas, comme la céruse, car il n'a aucune épaisseur, et qui, cependant durcit suffisamment le plâtre pour qu'il ne puisse plus être rayé par l'ongle ni par un corps dur. Ce corps est connu sous le nom de *marmoréine;* c'est une combinaison chimique, contenant 75 p. % d'acide borique, et de couleurs permettant d'obtenir toutes les teintes présentées par les pierres naturelles, tout en ne bouchant pas les pores du plâtre ainsi recouvert.

Les plâtres marmorisés peuvent supporter, sans aucune diminution de dureté, tous lavages, que l'on peut exécuter comme sur le marbre. Ils se polissent comme les objets en stuc, et, quand la couche a été donnée avant la peinture, la marmorisation permet de supprimer la couche d'impression.

La pierre la plus tendre devient dure comme de la roche par la marmorisation ; l'opération arrête l'effritement et la désagrégation des pierres anciennes ; elle les préserve efficacement des effets du gel et des intempéries atmosphériques.

La marmorisation simple ne s'applique qu'aux pierres *calcaires;* les pierres siliceuses comme les granits, mollasses, doivent, avant où après marmorisation, subir l'imbibition du *liquide préparatoire.* La marmorisation des enduits en ciment permet de les peindre à l'huile, comme on ferait sur du plâtre ; elle les durcit et les empêche de crevasser ou de faïencer. Celle des enduits en mortier de chaux grasse ou hydraulique les durcit très efficacement, et celle des poteries, briques et objets en terre cuite est aussi indiquée, mais avec application préalable du *liquide préparatoire.* Les pierres les plus tendres marmorisées peuvent se polir comme du marbre.

L'imperméabilisation de tous bois, plâtres, pierres ou ciments, a pour résultat d'empêcher l'eau et l'humidité de pénétrer les surfaces imperméabilisées.

Les doses de marmoréine contiennent 1 kilogramme de poudre très blanche qu'on verse dans un vase contenant 10 litres d'eau au maximum, puis, sur un fourneau ou foyer quelconque, on fait dissoudre cette poudre en portant l'eau à l'ébullition. Les plâtres étant bien secs et bien brossés, on applique ce liquide *tout bouillant* sur ces plâtres, soit avec un pinceau ou brosse à plafond, soit au moyen d'une *pompe injecteur*.

Une deuxième couche est nécessaire si les plâtres sont mauvais, appliquée de la même façon 5 à 6 heures après la première couche. Cette deuxième couche sert surtout à imbiber les *manques* de la première couche.

La marmoréine pour pierres, ciments et mortiers se livre sous deux formes, savoir : en poudre, dans des boîtes métalliques émaillées, et en liquide concentré, à étendre de quatre volumes d'eau ordinaire. Pour préparer l'enduit, on opère la dissolution à froid en ayant soin de remuer constamment avec une spatule de bois.

Quand il s'agit d'enduits en ciment ou en mortier, on étend au pinceau ou à la main avec une éponge une première couche de marmoréine à froid, et 24 heures après une deuxième couche. Ces ciments ou mortiers doivent être bien secs avant l'application. Deux ou trois jours après la deuxième couche, on peut peindre à l'huile sur les ciments ou les imperméabiliser.

Liège aggloméré.

Le liège est une matière qui tend à être de plus en plus utilisée dans les constructions en raison des qualités particulières que possède cette substance. Le liège constitue la matière première de briques, de panneaux de revêtement et de carreaux dont l'usage est recommandé dans de nombreuses circonstances.

Les agglomérés de liège sont fabriqués de la manière suivante : les fragments d'écorce de chêne-liège de première récolte (liège mâle), et les déchets de fabrication sont d'abord nettoyés, débarrassés de leurs impuretés, cailloux, etc., puis moulus et criblés par ordre de grosseur. Ce sont ces poudres, plus ou moins grossières, que l'on agglomère au moyen d'un mortier de chaux ou d'amidon. Les moulages sont opérés avec une presse qui chasse l'excès de liquide et, comprimant le mélange, permet de lui donner la forme désirée : brique, plaque, tuile, etc.

Briques de liège. — La pâte à briques est composée de la poudre de liège la plus grossière, agglomérée par les procédés qui viennent d'être décrits. Elle sert exclusivement à composer des cubes et des prismes rectangulaires pesant cinq à six fois moins que les briques de Bourgogne, à dimensions égales, soit 380 grammes environ pour la brique de liège de 0 m. 22 $\times$ 0 m. 11 $\times$ 0 m. 06. Il faut 67 de ces briques par mètre carré sur champ, et 38 à plat. Le prix du mille est de 145 à 130 francs à Paris.

La résistance à l'écrasement de ce genre de briques atteint jusqu'à 14 kilogs 5 par centimètre carré. Ces briques, imputrescibles, chassent l'humidité, sont applicables pour cloisons, voûtes, combles, toitures, etc.

Les briques de liège, pesant seulement de 250 à 300 kilogrammes le mètre cube, permettent d'établir sur plancher des cloisons de refend, sans avoir presque besoin de s'inquiéter du poids ajouté. Ces briques s'utilisent comme les briques ordinaires ; on les hourde en plâtre et en mortier ; elles peuvent recevoir des enduits ; les clous y pénétrant facilement, on peut accrocher, aux cloisons ou murs qui en sont formés, des tableaux, etc. ; on les cloue et débite comme le bois.

Les briques de liège se font encore dans les dimensions de :

$$0,25 \times 0,12 \times 0,065 \text{ et } 0,33 \times 0,16 \times 0,06$$

Carreaux de liège. — Les *carreaux de liège* s'emploient pour revêtir les parois et les plafonds ; ils empêchent la propagation du bruit et de l'humidité ; les carreaux de liège ont $0,50 \times 0,25$ et une épaisseur de $0,04$ à $0,06$. On pose ces carreaux à l'aide de clous ou on les maintient par de la colle ou du bitume ; ils valent de 3 fr. 25 à 4 fr. 65 le mètre carré.

On fabrique aussi des *briquettes* en liège aggloméré de $0,08$ à $30 \times 0,06$, épaisses de $0,015$, apparcillées comme des frises de parquets et dont on peut parqueter le sol ; les panneaux sont un peu plus minces. On s'en sert pour la construction des refends, le revêtement des murs humides, des soupentes ou des versants d'un comble.

Le liège est, on le sait, mauvais conducteur de la chaleur. Cette propriété l'a fait adopter par beaucoup d'architectes dans l'aménagement des mansardes.

Préserver les locataires de la chaleur pendant les mois d'été et du froid pendant le gros hiver était un problème assez malaisé à résoudre. On est arrivé à avoir des combles mansardés à l'abri de ce double inconvénient en employant dans leur construction des carreaux en liège aggloméré.

Ces carreaux, qui sont d'une épaisseur de 3 à 6 centimètres et d'une dimension de 25 $\times$ 05 centimètres, peuvent être reliés avec n'importe quel mortier. Ils peuvent sans difficulté être sciés ou cloués. On procède avec ces agglomérés de liège comme avec des briques cuites quand on bâtit. On a seulement soin de ne pas les mouiller avant l'application de l'enduit en plâtre.

Ces carreaux isolants sont un revêtement des plus utiles aux toitures des ateliers où il est indispensable de conserver une température égale. Les fabriques de poudre et de dynamite, les tissages et les filatures ont rencontré là un élément précieux par ces qualités.

La Société des lièges agglomérés a obtenu d'excellents résultats de ses cloisons légères en briques de liège qui, ravalées sur les deux faces, ne pèsent que 37 kilogr. le mètre carré (contre 120 à 130 kilogr. en briques ordinaires). Ses murs de refend en briques de liège aggloméré ne pèsent que 250 kilogr. par mètre cube (contre 1.800 kilogr. avec les briques de Bourgogne). Les produits en liège s'emploient encore pour revêtement de combles, voûtes légères, hourdis de planchers et plafonds ne transmettant pas le bruit, pour pavages, toitures et tous les cas où l'on veut des matériaux isolants.

La Société « La Subérine » fabrique aussi des briques et carreaux en liège pulvérisé et aggloméré ayant de précieuses qualités d'isolement.

Linoléum.

Le linoléum, qui est employé comme revêtement des murs, est composé de poudre de liège très fine et d'huile de lin oxydée. La fabrication est assez complexe et nécessite plusieurs opérations. Les déchets et rognures de liège sont réduits en poudre à l'aide de meules d'émeri animées d'un rapide mouvement de rotation ; on mélange cette poudre avec de l'huile oxydée au contact de l'air et rendue siccative par addition de litharge. La pâte est étendue sur une toile et le tout est entraîné sur des rouleaux chauffés à la vapeur qui règlent l'épaisseur du produit et produisent son durcissement.

Le linoléum se fait en teintes unies, couleur bois, marron et avec dessins variés ; les couleurs sont appliquées sur la pâte chaude et incrustées. Il s'applique sur les murs humides comme panneaux décoratifs, soubassements, etc.

La pose des tapis en *linoleum* se fait à l'aide d'une *colle*. On étend cette *colle* sur une largeur de 5 à 7 centimètres, tout autour de la pièce que l'on garnit, de même qu'aux raccords, s'il en existe ; elle prend presque instantanément et ne subit en rien les effets de l'humidité ni du salpêtre. Les largeurs de $2^m,30$, $2^m,75$, et $3^m,65$, permettent dans nombre de cas d'éviter les raccords. Sur le bitume, carreaux, pierre, marbre, la colle s'emploie sur une largeur de 15 centimètres et y fait faire pression jusqu'à résistance. Pour le tapis d'escalier, il est nécessaire de coller en pleine marche et contre-marche. Rendu de la sorte immobile, le *linoleum* offre de plus grandes garanties de durée.

Le *tapis de liège*, composé de liège et d'une préparation spéciale d'huile de lin de la Baltique, est léger et beaucoup plus épais que le *linoleum* : il amortit entièrement le bruit des pas. Il est chaud et doux aux pieds et très hygiénique dans les endroits humides.

Fibrocortchoïna.

On connaît sous ce nom quelque peu barbare un produit à base de liège et de plâtre pouvant recevoir toute espèce d'ornementations et capable de remplacer, dans des circonstances particulières, le bois, les briques, les carreaux de plâtre, pour cloisons, plafonds, hourdis, planchers et faux planchers isolants, murs de clôture, revêtements, et remplissages isolants de toutes constructions.

Les panneaux en fibrocortchoïna placés secs et à sec, ne font pas poussée sur les points d'appui entre lesquels on les intercale. Ils permettent d'obtenir des surfaces planes avec des nus de 5 millimètres, tandis que la plupart des matériaux exigent 15 millimètres au minimum. Leur légèreté permet d'établir des cloisons sans avoir à s'inquiéter de la position des poutres, et d'économiser les poutres jumelles. Avec eux, les poteaux de remplissage, les raînures sur les huisseries, les clous à bateaux, les tirants et les pitons sont supprimés. En employant pour les cloisons des panneaux à deux surfaces lisses, le papier peut être collé directement et les enduits sont économisés. Employés comme hourdis entre poutres en fer, ils économisent les fentons et les entretoises, et plus d'un centimètre d'épaisseur sur l'enduit du plafond.

Ces panneaux, pour constituer des revêtements imperméables, sont fixés sur un ciment blanc résistant de 3 à 4 centimètres d'épaisseur. Les aires en fibrocortchoïna sont aussi résistantes que celles construites en ciment Portland, et elles présentent l'avantage de coûter moitié meilleur marché. Aussi sont-elles assez employées comme sols de magasins, de cuisines, de caves et de divers établissements où un sol dur et imperméable est indispensable.

Feutres.

On a proposé l'usage du feutre comme revêtement des murs et nous devons encore dire un mot, avant de clore ce chapitre, des produits de ce genre dus à M. Francis Vasseur.

Le feutre *asphalté* est destiné à être placé sous les couvertures en tuiles, en ardoise ou en métal pour les rendre étanches et *calorifuges*, c'est-à-dire laissant difficilement passer la chaleur, qu'elle vienne de l'extérieur ou de l'intérieur. Il peut entrer en concurrence avec le liège pour cette application. On trouve ce produit dans le commerce en rouleaux de 25 mètres de long sur 0^m,80 de largeur.

Le *feutre asphalté*, contre l'humidité et la sonorité, se cloue directement sur le mur avec des clous galvanisés et peut être ensuite plâtré ou plafonné après avoir été recouvert de lattes comme d'habitude ; il peut être placé derrière des boiseries. Ce feutre s'emploie également contre la condensation de la vapeur ; il se cloue contre les plafonds ou contre les murs et s'enduit d'une peinture à l'huile. Mêmes dimensions que le précédent.

Feutre inodore, contre l'humidité et la sonorité, s'emploie de préférence à l'intérieur et peut être peint ou recouvert de papier.

Feutre goudronné, en bande de $0^m,05$ et au-dessus, se place entre les solives et les parquets pour empêcher la sonorité entre les étages.

Feutres isolants et à revêtements. Ces feutres sont estimés pour calfeutrages contre le froid, la chaleur et la sonorité, pour revêtements des chaudières, conduites de vapeur, etc. Ces feutres sont usités pour empêcher la sonorité des parquets, ils sont alors coupés en petits carrés, qu'on place comme cales, entre les solives et les lambourdes ; ils s'emploient également comme matelas entre deux cloisons, pour les glacières, etc.

CHAPITRE XIV

LES COUVERTURES EN TUILES

Plusieurs matériaux sont employés pour la couverture des bâtiments. Ce sont : l'ardoise, le zinc laminé et la tuile. Nous ne nous occuperons pas ici des deux premiers, dont l'étude ne rentre pas dans le cadre de notre ouvrage, et nous nous bornerons à décrire les divers systèmes et formes de tuiles de terre, les procédés de fabrication en usage et la mise en œuvre des différents produits rentrant dans cette catégorie.

Différents genres de tuiles

Tuiles creuses, ou à canal. — Ce genre de tuiles employé

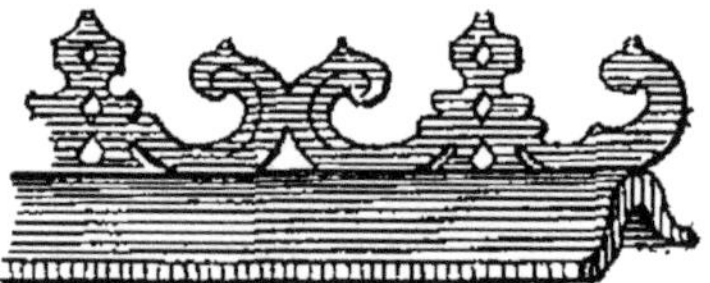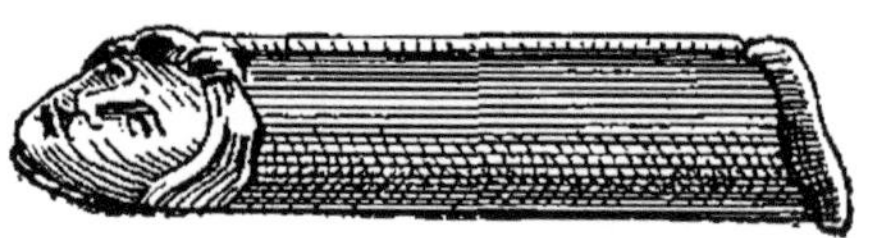

Fig. 102 et 103. — Faîtières ornementées.

dans le midi de la France, présente la forme de demi-cylindres légèrement coniques, ressemblant aux tuiles dites *faîtières*. Elles mesurent de 0^m,35 à 0^m,55 de long, 0^m,20 de diamètre à un bout et $0^m,15$ à l'autre, avec une épaisseur de 13 à 15 millimètres. Pour mettre ces tuiles en place, il faut que le toit présente une pente de 18 à 26°; sur des chevrons distants de 30 centimètres, on établit un voligeage jointif ou des tuiles minces et sur cette espèce

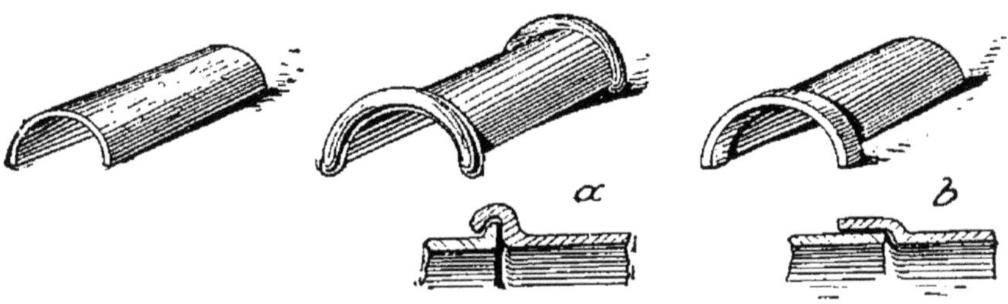

Fig. 104, 105 et 106. — Tuiles chapeaux. — *a* et *b* coupe de l'emboîtement.

de plancher viennent s'appliquer les tuiles creuses, les tuiles de dessous ou *chanées* servant d'égout, tandis que les autres sont appelées *chapeaux*.

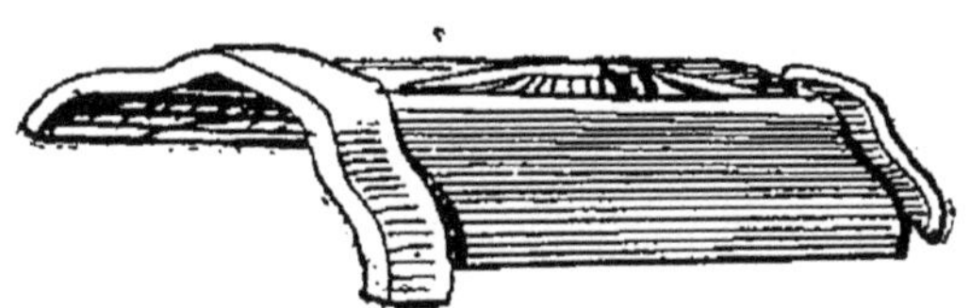

Fig. 107. — Autre forme de faîtière.

Les rangs verticaux des tuiles présentant leur concavité, sont espacés de $0^m,04$, et les tuiles se recouvrent en longueur de $0^m,05$ environ. Les intervalles compris entre les premiers rangs se recouvrent par d'autres rangs présentant leur convexité.

Tuiles pannes ou tuiles flamandes. — Ce genre de tuiles, employé dans le nord, comprend des tuiles dont la surface est alternativement concave et convexe et qui ont presque la forme, vues en bout, d'un S couché et aplati. Ces tuiles portent, par le haut, un fort talon qui permet leur accrochage sur les lattes et rend possible une forte inclinaison de la toiture (30 à 40 degrés). Chaque tuile présente, en plan, la forme d'un parallélogramme.

Ces tuiles se posent avec un recouvrement de 5 centimètres, c'est-à-dire que la partie convexe de l'une s'emboîte dans la partie concave de l'autre. Elles forment donc à la fois chapeaux et chanées, et on mastique leurs joints avec du mortier ordinaire. Leur principal inconvénient réside dans leur tendance à se déformer et à se gauchir, ce qui rend leur pose parfois difficile. Dans certaines pannes flamandes, l'agrafe se fait sur la face latérale ; la pose doit être opérée sur deux grosses lattes parallèles ; il faut 15 tuiles du poids de 1500 grammes environ pour couvrir 1 mètre carré de toiture.

Tuiles plates de Bourgogne. — La forme de ces tuiles est rectangulaire ; elles portent sur leur face interne un talon, crochet ou tasseau qui sert à les accrocher au lattis, cette saillie étant remplacée quelquefois par deux trous permettant de les clouer sur la latte ou d'exécuter une ligature.

Les tuiles de Bourgogne se font sur deux dimensions, suivant qu'elles sont faites *au grand moule* ou *au petit moule.* Dans le premier cas, elles mesurent $0^m,31 \times 0^m,24$ et pèsent $2^k,500$; dans le second elles mesurent $0^m,25 \times 0^m,18$ et pèsent moitié moins, soit 1300 grammes. Les tuiles ordinaires faîtières creuses ont $0^m,38$ de long, $0^m,32$ de contour et $0^m,24$ de diamètre ; elles ne se recouvrent pas.

Pour établir une couverture en tuiles plates, on place

d'abord une tuile à la partie basse du comble, de façon à
ce qu'elle rejette ses eaux dehors dans un chéneau ou une
gouttière ; on fixe la première latte de façon à être en
contact avec le crochet ou talon de la tuile, puis, aux deux
extrémités du comble à couvrir ; on trace sur le chevron
des espaces de $0^m,08$ à $0^m,12$, suivant que l'on veut obtenir un purcau (ou partie apparente de la tuile) de $0^m,08$

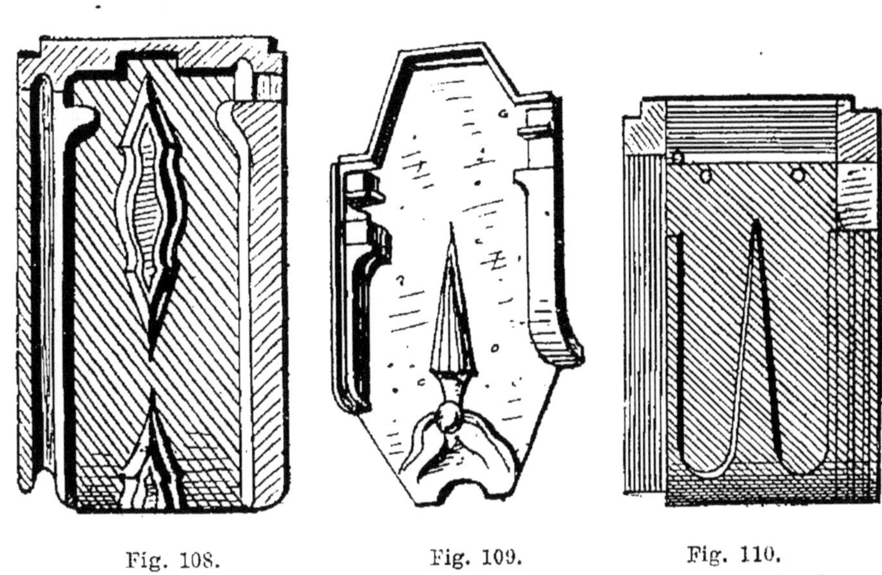

Fig. 108.
Tuile plate de Bourgogne.

Fig. 109.
Tuile-lance.

Fig. 110.
Tuile de Montchanin.

ou $0^m,12$, puis on bat des lignes au cordeau qui marquent,
sur chaque chevron, l'emplacement de la latte devant recevoir la tuile.

On pose les tuiles sur des lattes en cœur de chêne
refendu de $1^m,30$ de longueur et de 3 à 6 millimètres
environ d'épaisseur, espacées tant vide que plein ; elles
ont $0^m,035$ à $0^m,06$ de large.

On fait aussi des lattes en sapin, de qualité inférieure,
mais moins chères. Leur grosseur varie de 3 à 4 centi-

mètres de côté et leurs joints se font sur l'axe d'un chevron en chevauchant, c'est-à-dire en faisant en sorte que

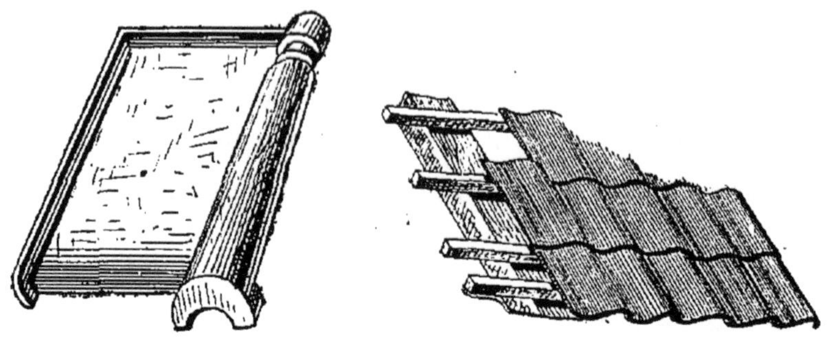

Fig. 111. — Tuile Vaudremer.   Fig. 112. — Toitures recouvertes en pannes.

tous les joints ne se trouvent pas sur le même chevron et soient disséminés le plus possible.

On fixe les lattes par rang de niveau et en liaison, es-

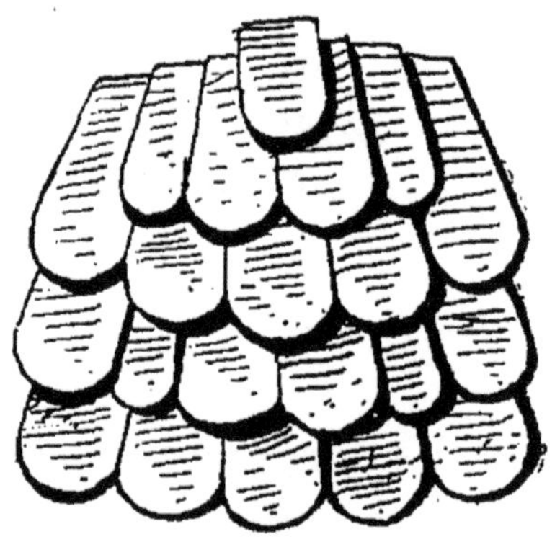

Fig. 113. — Tuiles en écailles.

pacées de 0ᵐ,33, avec des clous de 0ᵐ,027 de longueur et de 620 à 640 au kilo, chacune sur quatre chevrons. Les tuiles s'accrochent sur les lattes, par rangs horizontaux, en commençant par le bas du toit. Les tuiles d'un rang couvrent aux 2/3 celles du rang inférieur; la partie découverte est le *pureau*. Chaque tuile faisant ainsi recouvrement, il en résulte que la couverture est composée de 3 épaisseurs de tuiles.

Dans le sens longitudinal de la couverture, les tuiles se juxtaposent les unes contre les autres sans recouvrement. Le rang inférieur se pose de même, mais en s'arrangeant pour que les joints tombent au milieu des tuiles de la rangée précédente, et ainsi de suite.

Le rang inférieur des tuiles se pose sur mortier, et fait saillie de $0^m,10$ sur la corniche ; sur ce premier rang, on en pose un deuxième à joints croisés, qu'on nomme *doublis*. Quand il y a une corniche avec chéneau, on pose un rang simple de tuiles s'appuyant sur le chéneau.

On appelle *égout* la première rangée de tuiles posées à la partie inférieure de la couverture. L'égout peut être *simple, retroussé* ou *pendant*.

Dans les toitures faisant saillie sur les murs et non munies de corniches, il est bon de clouer, sous le chevronnage, un plafonnement en planches jointives destiné à empêcher le vent de soulever les tuiles de la partie saillante. Les tuiles plates conviennent pour des inclinaisons de toitures de 40 à 60 degrés ou de $0^m,80$ à $1^m,70$ par mètre.

Les toits à une seule pente se terminent à l'héberge et sur les pignons par des filets en plâtre appelés *ruellées* lorsqu'ils sont isolés, et *solins* lorsqu'ils sont le long des murs. Les croupes et les pénétrations provoquent, dans les couvertures, deux angles différents ou plis des surfaces : les *arêtiers* ou angles saillants et les *noues* ou angles rentrants. On raccorde ces angles en coupant la tuile à la demande et en faisant une crête en plâtre ; on peut encore

former l'arête de tuiles creuses analogues aux *canali* d'I-
talie.

Pour les *noues* ou angles rentrants, on conserve un intervalle entre les tuiles tranchées qui terminent les deux
pentes et on pose dessous une rangée ou plutôt une enfi-
lade de tuiles creuses à recouvrement, scellées au mortier ou au plâtre. On fait aussi les noues en zinc plié suivant l'angle.

Les faîtages sont le point où deux versants de toitures se rencontrent au sommet. On les fait en tuiles creuses demi-circulaires appelées faîtières. Autrefois, les faîtières étaient des demi-cylindres creux posés à cheval et
scellés sur le sommet, juxtaposés avec un joint saillant
ou *crête* en plâtre. On préfère maintenant les tuiles
creuses ou *faîtières à recouvrement* et emboîtement qui
donnent un meilleur résultat.

Tuiles mécaniques ou à emboîtement.

Les tuiles plates ont un poids qui dépasse souvent
80 kilogs par mètre carré et nécessitent en conséquence
une charpente très forte et coûteuse. Les tuiles dites
mécaniques, à *emboîtement* ou à *recouvrement,* réalisent
une grande légèreté et une étanchéité au moins égale à
celle des tuiles plates. Les premières du genre, dues à
Gilardoni d'Altkirch, datent de 1841 ; leur poids ne dépasse pas 35 à 45 kilogs et leur pose est facile, sans raccords et sans coupes, quelles que soient les pénétrations
des toitures. On fabrique aussi des tuiles spéciales pour
se raccorder avec les autres et permettant les demi-tuiles
d'extrémité, les jours, les ventilations; on fait encore des

tuiles à *douilles* pour cheminées, chatières, œils-de-bœufs, des tuiles vitrées et des châssis à tabatière correspondant à un nombre quelconque de tuiles.

Il existe de nombreux types de tuiles de ce genre. Les tuiles Gilardoni (Metz) sont de forme rectangulaire et pourvues en leur milieu d'une nervure en forme de losange ; elles se recouvrent par emboîtements latéraux et horizontaux, leur assemblage s'opère par chevauchement et est dit à *joint vertical discontinu,* deux crochets au re-

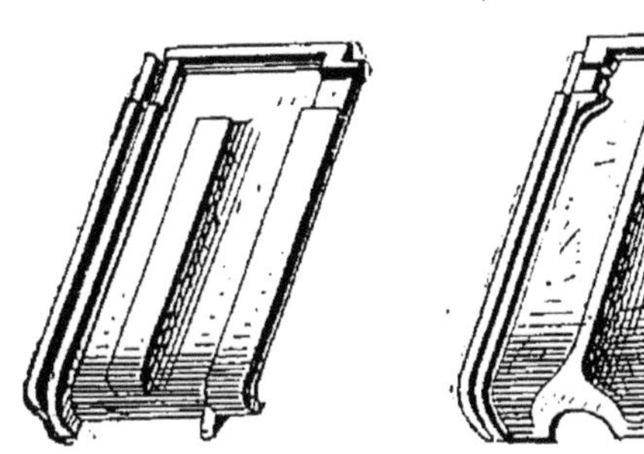

Fig. 114 et 115.
Tuiles à recouvrement et leur emboîtement.

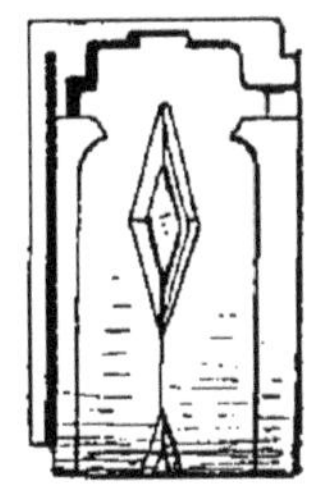

Fig. 116.
Tuile Gilardoni.

vers les fixent au lattis. Un autre type possède une nervure médiane en forme de listel et est à *joint vertical continu ;* un troisième est à double emboîtement et sans nervure médiane ; enfin un quatrième type est à double emboîtement en tête et sur le côté et à joints croisés. Il faut 15 de ces tuiles pour recouvrir un mètre carré.

La tuile à recouvrement dite *tuile Émile Muller* d'Ivry, donne une étanchéité absolument parfaite ; la saillie au delà du talon d'emboîtement la détermine d'une façon complète. Cette tuile pèse 3 kilogs et il en faut environ 14 par mètre carré.

Les tuileries de Monchanin fabriquent des tuiles spéciales pour ventiler les greniers et leur permettre de recevoir un peu de jour. Pour éclairer les combles devant être simplement recouverts d'un vitrage, on emploie quelquefois des tuiles en verre. Ces tuiles sont à peu près identiques, comme forme, aux précédentes, mais leur poids et leur prix sont sensiblement plus élevés. On fabrique encore des tuiles en terre vitrée. Ce sont des tuiles disposées de façon telle qu'on vient placer la vitre après coup, quand le restant du système est déjà en place. Elles sont peut-être plus économiques que les précédentes, et peuvent être employées dans les cas ne nécessitant pas une décoration spéciale.

Disons un mot des tuiles faîtières : nous distinguons d'abord la faîtière demi-cylindrique tout unie, c'est-à-dire sans emboîtement ni recouvrement. Comme on le voit son emploi doit être limité à la couverture de hangars sous lesquels on ne craindra pas l'humidité. Sa longueur est de $0^m,50$, et les prix de 0 fr. 60 à 0 fr. 80 suivant les largeurs adoptées.

Les *tuiles carrées* sont munies sur deux de leurs côtés contigus d'une ailette, et à l'angle opposé, et en dessous d'une agrafe ou crochet, qui porte dans l'angle formé par les ailettes de la tuile, de sorte que celle-ci, une fois accrochée, ne peut glisser.

Avec des tuiles rouges et noires, on forme des couvertures présentant des dessins variés.

Les tuiles dites *losangiques* s'assemblent par joints obliques.

La tuile *Courtois*, de forme carrée, est pourvue d'un crochet et se pose une pointe en bas, l'une des diagonales du carré étant horizontale et l'autre étant dirigée suivant la ligne de plus grande pente.

La tuile *Josson* est une tuile losangique irrégulière.

La tuile de la *Société des tuiles isolantes* d'Ivry-Port est formée de deux parois minces espacées de $0^m,02$ et réunies par des cloisons longitudinales. A l'extrémité inférieure du pureau, les deux parois se soudent, de sorte que les cavités intérieures sont closes d'un bout et ouvertes de l'autre. Les qualités de ces tuiles sont : légèreté, conductibilité et imperméabilité très faibles, résistance relativement considérable. Elles se posent sur lattis et s'accrochent à l'aide d'un tenon percé d'un trou, au travers duquel on chasse un clou. Pour le cas où la toiture est exposée à de grands vents, une petite entaille est pratiquée sur la partie extérieure des tuiles, et permet de relier celles-ci au moyen d'un crochet métallique.

La *Société des tuiles isolantes* fabrique encore, entre autres produits à noter, des *tuiles-membrons*, qui se placent sur les bris des toitures ou mansardes pour former raccord avec ses tuiles *villa*.

Les tuiles Boulet présentent un talon d'arrêt pour le joint horizontal et portent, en leur milieu, une nervure conique qui vient recouvrir le joint latéral inférieur. Chaque tuile pèse 1300 grammes.

Dans la *tuile suisse*, le joint vertical est chevauché et à simple emboîtement. Comme rien n'arrête l'eau dans le joint horizontal, il faut, pour les tuiles suisses, une pente de $0^m,60$ à 1 mètre. Le poids est de 2 kg. 50 la pièce.

Nous devons encore mentionner, avant de terminer cette brève momenclature, les tuiles de grès et les tuiles émaillées.

Le *grès vitrifié* constitue une excellente matière première pour la composition des tuiles, et la maison Jacob et Cie de Pouilly-sur-Saône s'est fait une spécialité de ce genre de tuiles. Il en existe en forme de panne lance, de losange et d'écailles droites et convergentes ; le poids de ces tuiles est de 2^k,300 ; il en faut 22 au mètre superficiel, et le prix est de 200 francs le mille.

Les *tuiles émaillées* de diverses couleurs permettent d'édifier de jolies toitures du plus haut caractère artistique, Ces tuiles émaillées exigent des combles d'une forte pente, 45 degrés environ d'inclinaison, car l'émail ou vernis commun appliqué sur ces tuiles n'a pas une très grande résistance à la gelée, l'eau pénétrant dans les craquelures qu'il est impossible d'éviter pendant la fabrication. Leur prix est assez élevé.

Fabrication des tuiles.

Les tuiles sont fabriquées, comme les briques, en argile mélangée de sable et de débris de tuiles brisées, soigneusement broyées. Ce mélange est réduit en pâte fine et homogène, en écartant avec soin tous les éléments calcaires. On moule alors la tuile, soit à la main soit à la machine, puis on la fait sécher à l'air, au soleil, et on procède à la cuisson dans des fours analogues aux fours à briques.

La tuile peut se fabriquer à la main, comme la brique, les matières à travailler étant les mêmes ; mais on conçoit que la production soit forcément très restreinte et les produits assez inégaux. Ce procédé arriéré est donc presque abandonné, et on ne fabrique plus guère aujourd'hui la tuile que par procédés mécaniques.

Il est possible d'ailleurs de se servir de machines très simples et de prix peu élevé, quand il ne s'agit que d'une production peu considérable. On utilise alors une presse à volant moulant la pâte dans des moules garnis de plâtre quand la terre à travailler est molle, ou dans des moules en fonte quand la pâte est ferme. Il faut deux hommes, le mouleur et son aide, pour fabriquer 1.500 à 2.500 tuiles par jour. Il suffit de prendre un *ballon* de terre (fragment de la grosseur d'une brique) à la sortie de la machine à étirer ou du malaxeur (nous avons décrit ces machines chapitre III), de le placer sur le moule et l'estamper. La coquille supérieure du moule est attachée au mouton de l'outil. Celle inférieure est retirée près du mouleur qui la renverse et détache la tuile sur une clayette en bois.

Dans cette fabrication, les moules sont en plâtre et recoulés toutes les fois qu'il est nécessaire, ce qui arrive toutes les 3.000 pièces à peu près.

Le produit démoulé est remis à l'ébarbeur qui fait tomber les bavures avec un fil d'acier monté sur un arc; cette opération est facilitée par l'usage d'un petit appareil appelé *tourniquet,* sorte de table tournant autour de son axe, sur laquelle on pose la tuile pour procéder à son ébarbage.

En changeant les moules, on peut fabriquer par la même méthode et rien qu'avec la presse et le malaxeur, des faîtières, des arêtiers, des rives, etc.

M. Jäger de Cologne qui s'est fait une spécialité de l'étude du matériel de briqueteries et de tuileries, a combiné plusieurs modèles de presses à tuiles à grand travail. Le modèle représenté fig. 117 est très ingénieux ; il est muni d'un déclanchement automatique offrant une complète sécurité de manœuvre. Il est destiné au moulage des tuiles en pâte molle avec moules garnis de plâtre, mais peut également effectuer les moulages en

Fig. 117. — Presse à tuiles à grand travail de Jäger.

terre ferme avec moules en fonte. Cette presse ne demande pas plus d'un cheval de force ; elle se compose d'un piston actionné par une came à trois bossages donnant par suite trois pressions sur chaque tuile. Le mouvement est automatiquement suspendu dès que ces trois pressions ont été effectuées, et l'ouvrier doit remettre le mécanisme en marche en actionnant un levier qui commande l'embrayage.

Ce système convient aux petites tuileries mécaniques qui ne peuvent employer la presse à cinq pans comme trop puissante pour elles. On arrive, par son usage, à une production de 2.500 à 3.000 tuiles par jour, tandis que la presse à cinq pans et à double pression fournit au moins 5.000 pièces dans le même temps.

Les galettes avec lesquelles on fabrique les tuiles en terre molle doivent être d'une certaine épaisseur, mais d'une longueur et d'une largeur moindres que celles du moule ; elles sont placées dans le milieu de celui-ci, et l'effort du piston de la presse chasse la terre dans tous les sens, de sorte que le moule est toujours bien garni. Si, au contraire, on faisait ces galettes moins épaisses et juste des dimensions du moule, il serait difficile de les mettre exactement à la place qu'elles doivent occuper, en raison du mouvement assez rapide du tambour porte-moules. Ces galettes ont donc, à peu de chose près, les dimensions de celles servant à fabriquer les briques pleines.

Une presse bien comprise, pour la fabrication des tuiles en terre molle, est celle représentée fig. 118 construite par M. Pinette. Elle est alimentée de terre par une machine à étirer à rouleaux propulseurs ou l'une des machines à préparer décrites chapitre III. Cette presse à grand travail donne la double pression nécessaire pour le moulage de la tuile losangée, de la tuile à glissement, de la tuile à côtes et de toutes autres quel qu'en soit le relief. Le réglage des moules s'opère avec la plus grande facilité ; les matrices sont en zinc, ce qui les met, par conséquent, à l'abri de l'oxydation, elles sont

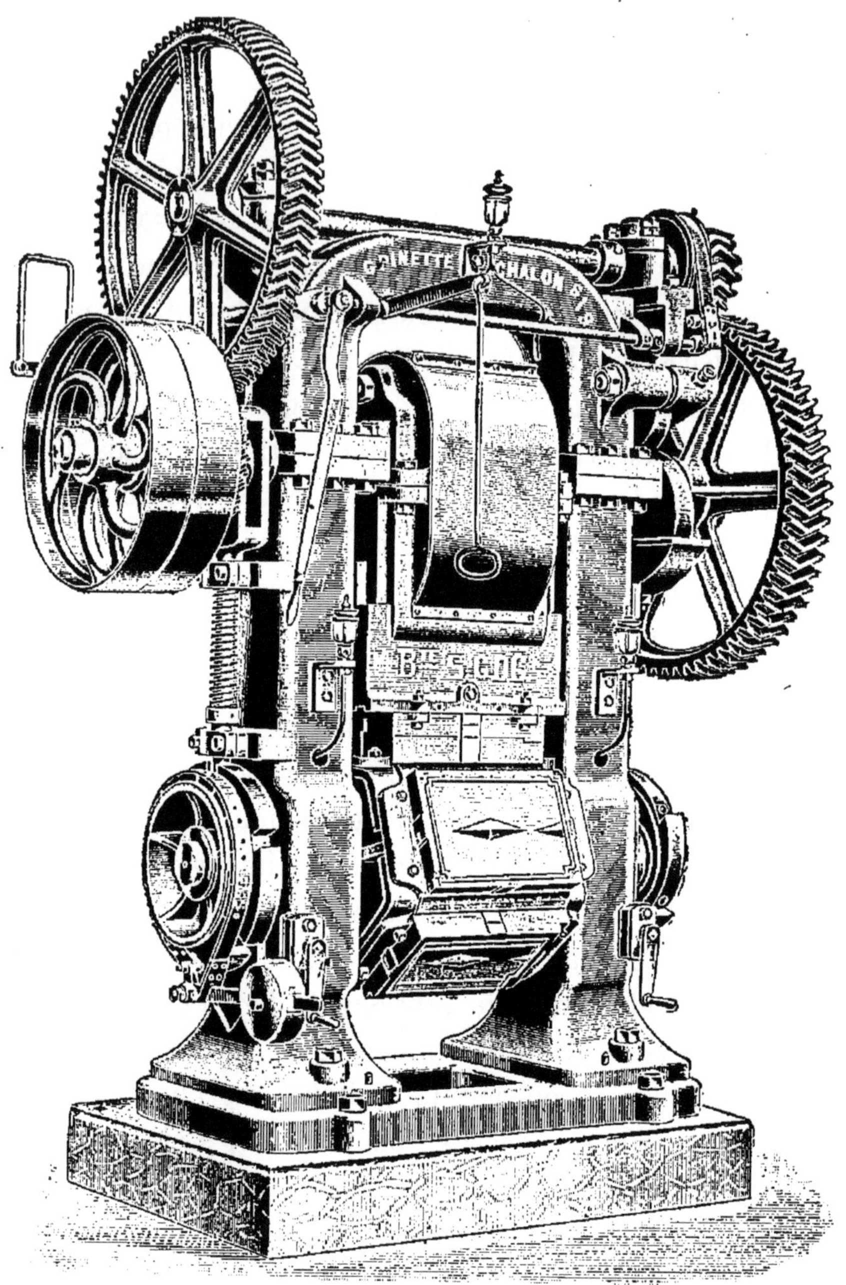

Fig. 118. — Presse à tuiles, modèle Pinette.

montées sur châssis en fonte et disposées de façon à

permettre de changer à volonté l'épaisseur des tuiles.

A la suite du grand développement que l'emploi des tuiles à recouvrement a pris en France, Italie, Alsace, Allemagne du Sud, et maintenant aussi en Allemagne du Nord, et de la demande toujours croissante de ce moyen de couverture économique, durable et d'un aspect agréable, on a dû chercher à en rendre la fabrication facile par l'emploi de machines simples et productives, afin de profiter de la faveur dont elles jouissent et de les répandre encore davantage en mettant les grandes fabriques à même de servir la clientèle.

Si l'emploi de ces tuiles ne s'est pas jusqu'à présent généralisé dans le nord de l'Allemagne, l'Autriche, la Russie et l'Orient, cela tient en partie à la défiance instinctive contre toute nouveauté, quand bien même elle serait avantageuse, mais aussi pour beaucoup à l'opinion faussement accréditée que cette couverture doit être excessivement dispendieuse parce que le mille de ces tuiles à recouvrement coûte plusieurs fois plus cher que les tuiles plates, pannes, etc.

C'est cependant une erreur, si l'on veut bien réfléchir que ce qui fait le coût d'une toiture n'est pas seulement le prix d'achat des tuiles, mais aussi les frais causés par l'entretien et les réparations et l'utilisation plus ou moins étendue des produits choisis. Il est certain qu'une toiture de ce genre est plus étanche, en même temps que plus légère et plus solide, qu'elle est moins coûteuse comme installation de charpente, et enfin beaucoup plus économique d'entretien. La comparaison de prix entre une toiture de tuiles à recouvrement et une d'un autre système à double garniture en comptant le mille à 45 francs, donne pour le mètre carré, compris le lattage et les clous, environ 4 fr. 50, tandis que les tuiles à recouvrement, coûtant 100 francs le 1.000, donnent, pour le mètre carré, 4 fr. 25 seulement.

Ce genre de couverture a encore une qualité, d'où lui vient le nom de tuile à recouvrement : c'est que, par le fait des rainures, nervures et rigoles que tout système semblable comporte, la surface entière des toitures est tellement enchevêtrée que le vent le plus fort ne peut y causer aucun dégât, et que la pluie ni la neige ne peuvent pénétrer entre les tuiles, quoiqu'elles soient posées sans aucun intermédiaire.

Les toitures ainsi couvertes ont un aspect agréable, elles laissent suffisamment circuler les gaz et l'air, pour empêcher les poutraisons, les chevrons et les lattes de se pourrir, de sorte qu'on peut les recommander dans de nombreuses circonstances et surtout pour les locaux redoutant l'incendie. Ces avantages commencent d'ailleurs à être reconnus par les architectes et les entrepreneurs de couverture, mais on est astreint à ne se servir pour la fabrication que de terres de bonne qualité pour éviter les fêlures et les courbures provenant de la présence de matières étrangères infusibles dans la pâte à mouler. Il est donc nécessaire de travailler la terre à tuiles dans des machines perfectionnées, avant usage, et de préparer la pâte de manière à lui donner une parfaite homogénéité.

Les galettes que travaille la presse à tuiles peuvent être triturées avec n'importe quel modèle de presse à briques avec appareil coupeur, au moyen d'une filière de forme convenable par laquelle sorte un jet d'argile qui est découpé sur le chariot à l'aide de fils d'acier attachés aux distances voulues pour avoir la division cherchée. Si la tuilerie n'a pas de machine à briques pour préparer ces galettes, on peut se contenter d'un simple malaxeur

Fig. 119. — Presse mouleuse universelle, à 5 moules et à double pression, pour la fabrication des tuiles en terre molle, système Chambrette.

mû au manège. Quand la terre est particulièrement facile à travailler, on peut encore, pour éviter l'emploi des machines, composer les galettes dans un simple moule en bois à la main. Les dimensions des galettes doivent naturellement correspondre au modèle adopté pour les tuiles, et se déterminent également suivant la nature et les propriétés de la terre employée ; la pratique ne tardera pas à montrer quelles sont la forme et la grandeur favorables pour chaque cas. Notre fig. 119 représente un modèle puissant et bien combiné de presse mouleuse à 5 pans et à double pression pour la fabrication des tuiles en terre molle, construit, dans leurs ateliers de Bèze (Côte-d'Or), par MM. Chambrette-Bellon et Brandt.

Jusqu'à présent on s'est servi d'une presse spéciale pour fabriquer les moules en plâtre ; c'est là une dépense assez élevée et qui cause fréquemment des pertes de matière, mais il est possible d'opérer le moulage des formes en coulant le plâtre, procédé beaucoup plus simple qui évite la formation des bulles d'air et permet à l'ouvrier le moins habile de préparer sans difficulté des moules de tous profils. Les formes coulées de cette manière sont bien supérieures, comme qualité, à celles qui sont obtenues par le procédé ordinaire à la presse.

Presque toutes les argiles se prêtent à la fabrication des tuiles avec moules en métal et fournissent des produits résistant bien aux intempéries, mais les galettes doivent présenter une plus grande consistance, car il serait, sans cela, impossible de les retirer du moule sans les détériorer. Plus la terre sera dure, plus on sera certain d'obtenir des produits de bonne qualité, et moins on aura besoin de dépenser pour le graissage des moules qui est indispensable pour éviter l'adhérence.

La fabrication de ces tuiles au moyen de moules métalliques demande que ces galettes aient des surfaces bien lisses, sans quoi on serait conduit à un gaspillage de graisse et les produits seraient de qualité inférieure. Dans les petites tuileries, où l'on ne cherche pas une grande production, on peut préparer les galettes en les pressant à la main dans des formes en bois, comme nous l'avons dit plus haut, mais il faut absolument en lisser les surfaces, et le meilleur procédé consiste à passer sur ces galettes un rouleau recouvert de feutre.

Fabrication des tuiles au moyen du matériel Boulet.

Voici quelques détails sur les procédés de fabrication des tuiles en terre ferme à l'aide du matériel de la maison Boulet.

A la sortie de la réserve ou du magasin où elles doivent séjourner quelques jours, les terres passent dans le jeu d'outils décrit dans les pages précédentes.

Suivant les difficultés qu'elles opposent à leur travail, les appareils se composent d'une double paire de cylindres superposés ou d'un gros cylindre, puis d'un malaxeur et, enfin, d'une machine à rouleaux propulseurs. L'organe principal de cette machine est formé de deux chaînes métalliques en fonte malléable maintenues à écartement par des entretoises espacées de 63 centimètres et formant une sorte d'échelle sans fin articulée et passant sur deux tambours ou lanternes à six pans. Une forte toile à voile est attachée d'une part aux entretoises et d'autre part aux chaînes et forme ainsi une série de poches carrées peu profondes se prêtant très bien au transport de la matière. De cette manière, la traction, se faisant sur les chaînes, la toile n'a pas d'effort à supporter. Les chaînes montantes glissent sur des cornières, les descendantes sont supportées par des rouleaux de distance en distance. Cet appareil forme un tout facile à poser.

Comme l'indique son nom, la machine à rouleaux propulseurs produit d'une façon continue : ou les galettes à tuiles et à carreaux de toutes les grandeurs, ou les briques pleines ou creuses, etc., selon la forme de la filière ou matrice qu'on y adapte. Son travail étant constant, aucun choc ne peut occasionner ni rupture, ni usure partielle d'aucun de ses organes ; son côté pratique fait encore mieux ressortir sa supériorité sur ses devancières ; ses produits ne présentent pas, comme ceux des autres machines à étirer, une superposition de couches de terre que l'on pourrait pour ainsi dire compter, mais bien une masse compacte et indivisible ; ensuite, sa conformation permet de l'appliquer contre le malaxeur vertical et, au moyen d'une auge, de faire passer directement la terre expulsée de ce dernier entre les rouleaux propulseurs, qui la font sortir en produits à l'extrémité opposée de la dite machine, ce qui est une économie de main-d'œuvre. L'économie que donne cet agencement est notable, car, alors que, dans la machine double à étirer à piston à action intermittente on emploie trois hommes : un pour mettre la terre dans les trémies et les deux autres pour y entasser et faire entrer cette terre et couper de longueur les produits, il ne faut plus, dans cette nouvelle machine, qu'un enfant, puisqu'il n'y a plus qu'à ramasser les produits tout coupés sur le tablier.

Cette machine est particulièrement recommandable pour l'emploi des terres demi-fermes. Avec l'installation ci-dessus, il suffit d'un homme et d'un enfant pour produire par jour de 6 à 7.000 galettes à grandes tuiles de 13 par mètre carré, la terre brute leur étant amenée au pied de la première machine de la série.

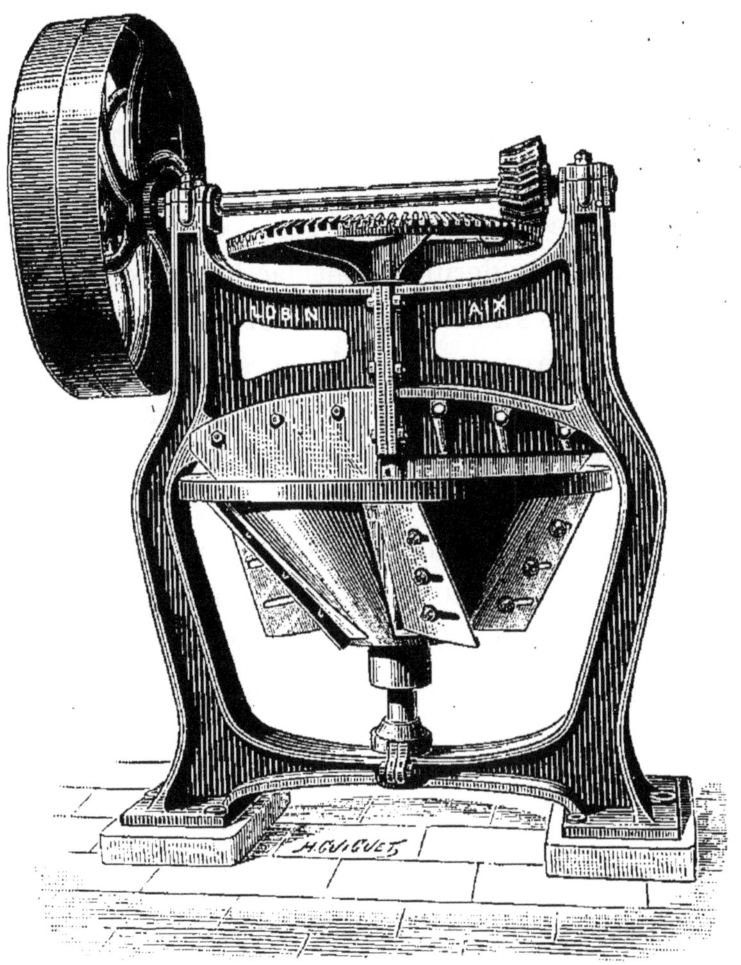

Fig. 120. — Coupeuse d'argile Lobin.

Fabrication au moyen du matériel Lobin.

Voici, pour terminer, quelques détails sur la fabrication des tuiles dans la région de Saint-Henri, près de Marseille, au moyen du matériel mécanique, imaginé par un spécialiste de cette industrie : M. Lobin, d'Aix-en-Provence.

L'argile, arrivant de la carrière, passe d'abord dans une *coupeuse* (fig. 120), composée d'une cuve tronconique, animée d'un mouvement de rotation sur son axe et munie sur ses côtés de lames ou couteaux en acier trempé qui coupent et réduisent la terre en lamelles, de finesse variable suivant qu'on rapproche plus ou moins les couteaux. Ces derniers sont facilement démontables, ils se forgent et s'affûtent après usure, et sont tous interchangeables. La construction de cet appareil est robuste et soignée. Tous les frottements se font sur bronze. La denture des engrenages est à chevrons soigneusement divisés.

Le mouilleur-trempeur-malaxeur surmonté de cylindres broyeurs et plateau distributeur pour travail en terres vertes et en terres pulvérisées (suppression des bassins dits « *pâtières* »), complète le jeu de cet appareil.

Les terres sortant de la *coupeuse* sont amenées par un élévateur ou une vis sans fin dans une trémie ou silo d'attente. C'est sous ce silo qu'est placé l'appareil *mouilleur-malaxeur*. L'argile tombe sur un plateau circulaire, distributeur automatique qui l'amène entre deux *cylindres broyeurs* à vitesses différentes qui ont pour but de désagréger l'argile. Ce broyeur à deux cylindres est quelquefois placé directement sur le bâti enveloppant l'auge mouilleuse, sorte de malaxeur à deux arbres horizontaux armés d'hélices s'entre-croisant en marche, ayant pour effet de mélanger l'argile à l'eau fournie par de petits pulvérisateurs.

La presse à tuiles combinée par M. Lobin présente des dispositions mécaniques bien étudiées et qui la rendent très avantageuse (fig. 122).

Fig. 121. — Briquetier pour la propulsion des briques en filière.

Les premiers modèles de presses étaient à glissière mais leur fonctionnement ne tarda pas à être rendu automatique par l'application d'un pentagone ou porte-moules à cinq pans, dont chacune des faces vient successivement se présenter au-dessous d'un autre porte-moule animé d'un mouvement vertical de va-et-vient, tandis que le premier exécute son déplacement par rotation autour de son axe horizontal. Là est l'âme de la machine, et c'était forcément sur ce point que devait se concentrer

Fig. 122. — Modèle de presse Lobin.

l'attention des spécialistes. Le porte-moule supérieur ou piston presseur est commandé soit par un arbre vilebrequin portant deux bielles renversées, soit par un jeu de cames, soit encore par des roues d'engrenages hélicoïdaux ou un excentrique.

Mais tous ces systèmes ont le sérieux inconvénient de donner sur la galette de terre une *simple pression rapide*. Dans la presse nouveau modèle représentée ci-dessus, le piston-presseur est mû par un système de *doubles ge-nouillères* qui a pour effet de ralentir la pression au final de la course, tout en la rendant plus énergique, et de donner à la tuile, par la composante des forces de cette disposition, le temps de bien épouser la forme du moule dans tous ses détails.

Les avantages que l'on retire de cette combinaison sont nombreux; d'abord effet de double pression, montée et descente rapides du plateau presseur, pression lente et énergique, décollage immédiat de la tuile moulée, **suppres**-sion des efforts latéraux et facilité de démontage. Le fonctionnement de cette presse est simple. Un apprenti jette la galette d'un côté du pentagone, un deuxième en-fant reçoit la tuile de l'autre côté, sur un petit châssis en bois disposé à cet effet.

Cet outil est d'une construction soignée et robuste. Son poids est de 4.000 kilos environ et sa production est de 650 tuiles à l'heure, soit 6,500 tuiles en une journée.

Cette machine est employée chez les grands usiniers et notamment dans les principales tuileries du bassin des Bouches-du-Rhône.

Fabrication des tuiles à emboîtement, faîtières et arêtiers à la main. — Si, à l'une des machines que nous avons décrites dans nos chapitres III et IV, le briquetier-tuilier ajoute une presse Lobin ou Boulet, il est alors installé pour fabriquer tous produits céramiques. Cette presse fonctionne à la main et la manœuvre est facile à saisir en voyant le dessin.

Nous avons décrit, page 323, le système de fabrication et indiqué le personnel nécessaire pour ce genre de presses.

En changeant les moules, on peut faire des faîtières, des arêtiers, des rives, etc. Pour fabriquer des tuyaux de drainage, au lieu de galettes pour tuiles, il suffit de changer la filière de la machine à étirer les terres. Un ouvrier tourne la manivelle, un autre remplit la boîte et coupe les produits, un gamin les transporte au séchoir.

Avec la machine simple, on peut fabriquer 3.000 briques creuses à six trous de $220 \times 110 \times 60$ ou l'équivalent par dix heures dé travail ; avec la grande, on en fait presque le double sans employer plus de monde. Ces machines sont alimentées par la terre sortant du malaxeur. Quand celle-ci contient des petits cailloux ou des racines, on l'épure en plaçant dans l'intérieur de la boîte une grille appelée filtre qui arrête les impuretés. Il faut nettoyer ce filtre à chaque pressée. Il est préférable d'épurer toute la matière à employer dans la journée et la profiler ensuite. La machine double offre l'avantage d'épurer d'un bout et de travailler de l'autre.

L'ouvrier qui tourne la manivelle doit le faire sans trop se fatiguer ; dans le cas contraire, c'est une indication que la terre est trop ferme, ce qu'il faut éviter.

Les filières à tuyaux doivent être tenues en bon état de propreté et huilées dès qu'elles sont au repos, la terre étant enlevée. Si la filière à briques pleines est hydraulique, on doit laver les lames avec une éponge et la mettre ensuite dans un endroit frais. Avant de l'utiliser à nouveau, on la trempe dans l'eau environ une heure et, lorsqu'elle est sur la machine, il ne faut pas oublier les chevilles sur les côtés et en dessous de façon à ce qu'il n'y ait pas de fuites, l'eau qui coule sur la filière devant aider à la sortie des pièces.

Tuiles métalliques.

Malgré tous les perfectionnements dont elle a été l'objet, la tuile constitue une couverture que, dans bien des cas, on trouve bien trop lourde. On a donc cherché à substituer des tuiles en métal aux tuiles en terre cuite. Ces nouvelles tuiles peuvent se faire en cuivre et en tôle galvanisés, mais, le plus souvent, elles sont en zinc.

Les tuiles métalliques peuvent se poser sur de simples lattes, mais il est préférable d'employer un voligeage pour soutenir la tuile dans toutes ses parties et permettre de marcher sur la toiture sans causer aucun désordre.

Ces tuiles se font à recouvrement et à agrafes et, une fois clouées, forment un tout absolument solidaire.

Il existe plusieurs types de tuiles métalliques. L'un des plus usités est la *tuile Menant,* de V. Bidault, qui présente des plis, des cannelures et des attaches caractéristiques. Les plis, rabattus en sens inverse, l'un dessus, l'autre dessous, sont arrondis dans le fond de leur pince pour conserver toute la résistance et toute l'élasticité voulues. Celui du bas mesure de 15 à 25 millimètres de profondeur et borde la tuile d'une cannelure à l'autre; celui du haut mesure de 30 à 40 millimètres de profondeur et borde la tuile jusque sur les cannelures où ses parties montantes forment goussets. Quand on utilise le premier dans une agrafure, il s'y arrête à mi-chemin, laisse une chambre d'air au sommet et supprime tout risque de capillarité. Quand on utilise le second, il détermine un recouvrement de 30 à 40 millimètres, ferme ce recouvrement d'un bout à l'autre et fait obstacle à toute montée d'eau. Les cannelures, demi-rondes ou coniques, se profilent en reliefs symétriques à droite et à gauche de la tuile, mesurent de 35 à 40 millimètres de saillie, ont une forme plus commode pour l'emboîtement, solide, décorative et présentent à leur extrémité supérieure des abouts obliques, à leur extrémité inférieure une languette et une encoche. Lorsqu'on assemble les tuiles par emboîtement latéral, d'une part l'about oblique de la cannelure emboîtante glisse dans le gousset de la cannelure emboîtée, ne trouve pas d'issue pour communiquer avec l'intérieur du comble et ne peut y conduire aucune infiltration ; d'autre part, l'encoche de la cannelure emboîtante se présente devant la languette de la cannelure emboîtée et permet de retrousser ladite languette sur l'emboîtement, pour rendre l'assemblage immobile, indesserrable, indéformable. Les attaches sont mobiles et variables ; mobiles, on les place et déplace à volonté sans détériorer la tuile ; variables, on modifie leur épaisseur, leur longueur, leur largeur et leur forme suivant les besoins ; elles s'agrafent dans le pli du haut au nombre de 2, 3 ou 4, maintiennent ce pli au lieu de le fatiguer, forment coulisse en tête de la tuile, ne gênent pas la dilatation et peuvent être étendues, percées, clouées, vissées, garnies de crochets, coudées et contre-coudées pour s'adapter aux supports dans les meilleures conditions de fixité, de tension et de résistance à l'arrachement [1].

---

1. Barré. *Petite Encyclopédie du Bâtiment.*

Couvertures en carton bitumé.

Cette substance, dont nous devons dire un mot ici, n'est utilisée que depuis 1860 pour constituer des couvertures généralement provisoires. Mais, si on laisse subsister un certain temps dans de mauvaises conditions les couvertures en carton bitumé, en chanvre bitumé, en carton cuir, etc., si on marche souvent dessus, il arrive forcément que le carton se troue et nécessite des réparations importantes, quelquefois même une réfection complète.

Il faut donc limiter l'emploi de ce système aux constructions de peu de durée et prendre les précautions nécessaires et alors on a, avec une économie énorme, une couverture très étanche et d'une durée suffisante.

La pente varie de 18 à 21 degrés, suivant le recouvrement.

Le carton bitumé se fabrique avec $0^m,70$, $0^m,80$, et 1 mètre de largeur, par rouleaux de 12 à 32 mètres de longueur. Il se fait avec ou sans sable et son prix est de 0 fr. 45 à 1 fr. 25 suivant largeur et qualité. Il pèse environ 3 kilogrammes le mètre carré, soit à peu près 6 kilogrammes avec le voligeage.

Pour la pose, on déroule parallèlement au faîtage, en commençant par le bas, et en faisant recouvrement de $0^m,10$ au moins. Sur chaque chevron, on cloue ensuite une latte perpendiculaire au faîtage, puis on goudronne. Le carton bitumé est, dans ce cas, posé toujours sur le voligeage. Lorsqu'on emploie le carton bitumé d'une façon absolument provisoire, on peut supprimer le voligeage ; on déroule alors le carton perpendiculairement au faîtage, on dispose les chevrons à la demande de la largeur du carton, puis on cloue des lattes sur joints et au droit des chevrons.

Dans tous les cas, on doit goudronner en plein et renouveler le goudronnage tous les ans. Le carton bitumé s'applique encore sous la tuile. La tuile, en effet, qui forme une bonne couverture en surface plane et unie, peut laisser passage aux pluies fines et à la neige dans le cas de surfaces courbes ou gauches ; on cloue des lattes par-dessus et on pose la tuile comme à l'ordinaire.

Le carton bitumé s'emploie sous parquet ; on le cloue sur les lambourdes puis on pose le parquet comme d'habitude.

Le carton bitumé, employé en revêtement sur les surfaces exposées à la pluie, protège les murs ou les cloisons légères contre l'humidité. Sur les murs humides, on obtient de bons résultats en intercalant un carton bitumé cloué jointif, entre le mur et le papier de tenture. Un mètre carré de toiture en carton bitumé exige $1^{m2},05$ de carton pesant 3 kilogrammes, $3^{m},15$ de baguette et 0 lit., 6 de goudron.

Tuile imperméable.

Le procédé pour obtenir cette tuile imperméable au son et à la chaleur est le suivant :

On fait, avec des scories de hauts fourneaux broyées, un sable suffisamment fin qu'on mélange intimement avec des déchets d'amiante; on moule le mélange et enfin, sous forte pression, on forme des briques ou des tuiles qu'on laisse sécher à l'air. L'acide silicique soluble des scories de haut fourneau joue le rôle de liant.

Le mélange de sable de scories et de déchets d'amiante, dans le rapport de 60 à 40, donne les meilleurs résultats, à en juger par des essais suivis entrepris par l'inventeur.

Goudronnage des tuiles.

Les tuiles qui, pour une raison quelconque, se laissent plus ou moins traverser par l'eau, sont rendues imperméables par le goudronnage. A cet effet, il est nécessaire que les tuiles soient réchauffées régulièrement et avec un certain soin. Il faut les prendre autant que possible à la sortie du four, c'est-à-dire tandis qu'elles sont encore sèches et chaudes, ensuite on les nettoie de leur poussière et cendre; s'il y a lieu, on les réchauffe. Dans ce but, on constitue une sorte de petit canal étroit, de 0^m, 50 de largeur, sur 5 à 6 mètres de long, que l'on incline de 0^m, 60 environ, et au bas duquel on fait un feu de coke. L'ouverture du canal présente dans la longueur une sorte de voie sur laquelle les tuiles à réchauffer sont placées de manière à former le couvercle du canal, qui représente ainsi la cheminée du foyer inférieur. On conçoit que les gaz, montant le long de la paroi constituée par le dessous des tuiles, échauffent celles-ci. Quand la tuile la plus proche du foyer est assez chaude, on la retire; tout le rang s'abaisse d'une tuile et l'on remplace celle qui vient d'être enlevée par une autre, et ainsi de suite. Les tuiles se succèdent par leur propre poids, et la course qu'elles parcourent suffit à les réchauffer de ce qu'il faut pour les soumettre ensuite au goudronnage. L'expérience a montré que la température ne doit pas dépasser 60 à 70 degrés centigrades, car c'est à cette température que correspondent les meilleurs résultats.

On opère le goudronnage comme le vernissage, et les tuiles ne doivent être mouillées que sur le dessus, le sommet et les côtés, tandis que les parties qui seront couvertes ne sont pas goudronnées. Deux ouvriers suffisent à cette besogne ; l'un pour goudronner les tuiles, l'autre pour les accrocher sur un support en forme de toit. Le goudronnage peut revenir, si les dispositions sont bien prises, entre 3 francs 25 et 4 fr. le mille de tuiles.

FIN

TABLE DES MATIÈRES